미래 리더의
7가지 비밀

미래 리더의 7가지 비밀

초 판 1쇄 2019년 10월 28일

지은이 박미정, 변선우
펴낸이 류종렬

펴낸곳 미다스북스
총괄실장 명상완
책임편집 이다경
책임진행 박새연 김가영 신은서
본문교정 최은혜 강윤희 정은희

등록 2001년 3월 21일 제2001-000040호
주소 서울시 마포구 양화로 133 서교타워 711호
전화 02) 322-7802~3
팩스 02) 6007-1845
블로그 http://blog.naver.com/midasbooks
전자주소 midasbooks@hanmail.net
페이스북 https://www.facebook.com/midasbooks425

ISBN 978-89-6637-721-3 03590

값 14,000원

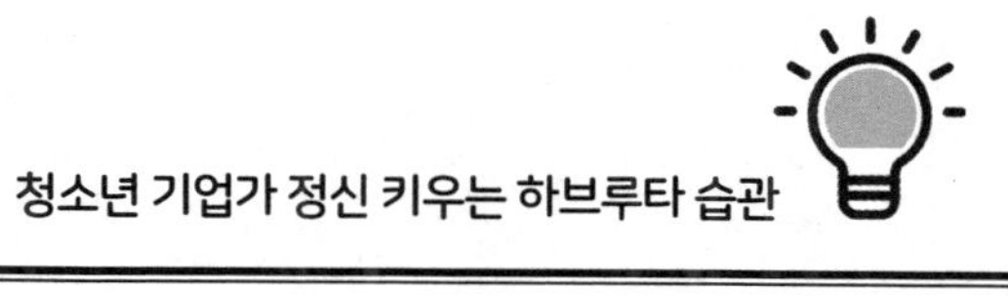

청소년 기업가 정신 키우는 하브루타 습관

미래 리더의 7가지 비밀

박미정 · 변선우 지음

미다스북스

미래는 창업의 시대! 미래 인재의 조건!

창업 교육을 하면서 많은 스타트업(start-up, 신생 벤처기업)을 만난다. 숙박공유서비스를 제공하는 '에어비앤비(airbnb)'나 공유택시 '우버(uber)'를 비롯해 우리나라 기업인 '배달의 민족', '카카오' 등이 지금은 크게 성장한 기업이 되었지만 모두 스타트업으로 시작한 기업들이다.

지금 전 세계는 창업 전성시대라 할 만큼 '창업'을 장려하는 분위기다. 저성장이 이어지면서 경제는 침체의 늪에 빠지게 되었고 그 돌파구로 창업을 활성화시키려는 것이다. 그러다 보니 창업 시장에는 정부 지원 자금뿐만 아니라 투자처를 찾는 민간 자금이 어마어마한 규모로 쏟아져 들어오고 있다.

창업 전문가들은 정부지원 자금 또는 민간투자 자금 등을 활용하여 가능성 있는 스타트업을 발굴해서 투자하고 보육하는 역할을 한다. 이러한 전문기관을 '액셀러레이터(Accelerator)'라고 부른다. 자동차의 '액셀' 할 때 그 액셀이라고 생각하면 맞다. 스타트업을 가속시켜주는 역할이기 때문이다.

스타트업은 시간과 인력과 자금이 부족하다. 따라서 액셀러레이터와 같은 전문가들의 교육과 보육과 투자가 스타트업의 성패를 가르기도 한다. 우리가 너무도 잘 알고 있는 에어비앤비(airbnb)나 드롭박스(dropbox)는 이러한 액셀러레이터의 지원으로 기업가치 10억 달러 이상의 스타트업 기업에게 이름 붙여지는 '유니콘' 기업라고 불릴 수 있었고 지금은 기업가치 100억 달러의 '데카콘' 기업으로 성장했다.

그렇다면 모든 사람이 창업만 하면 성공할 수 있을까? 물론 그렇지는 않다. 소수만 살아남고 그중 소수만 성장할 수 있다. 그럼 어떤 스타트업들이 세계적인 기업으로 성장할 수 있는 기회를 잡는 것일까?

좋은 지원을 받고, 기가 막힌 아이디어라면 분명 유리하다. 그러나 그것들이 최우선 순위는 아니다. 세상에 하나밖에 없는 아이디어라고 자부하지만 막상 현장에서 실행하고자 할 때 보면 그와 비슷한 아이디어가 이미 세상에 수백 개쯤 존재한다는 사실을 알게 된다.

액셀러레이터들이 보는 가장 중요한 포인트는 창업자의 자질과 창업팀이다. 즉, '실패했을 때 쉽게 좌절하고 주저앉을 창업가인가? 아니면 실패해도 그 실패에서 배움을 얻고 다시 일어설 수 있는 창업자인가?'이다.

그만큼 창업은 성공보다 실패 확률이 높고 과정이 힘겹다. 그렇기 때문에 창업을 성공시키기 위해서는 기업가 정신이 필요한 것이다.

창업은 작은 아이디어로 시작하지만 그 과정 중에 수많은 문제에 봉착하게 된다. 만들고자 하는 창업 아이템에 관련된 문제뿐만 아니라 인간관계, 자금문제, 경쟁사, 법적인 문제 등 전혀 예상하지 못했던 일까지 발생하고 그것들을 하나하나 해결해야 한다.

그렇기 때문에 실전 창업이야말로 문제 해결력을 키우는 최고의 교육방법이라고 자신 있게 말할 수 있다.

이러한 창업 교육에서 가장 중요한 것은 실패를 두려워하지 않는 도전정신, 바로 '기업가 정신'이다. 유대인들의 실패를 두려워하지 않고 실행에 옮기는 '후츠파(chutzpah)정신'과 정확히 일치한다.

자녀교육 책 서두에 다소 낯설고 어렵게 느껴질 수도 있는 창업과 스타트업에 대한 이야기를 한 이유는 분명하다. 기존의 교육 방법으로 교육받은 아이들은 급변하고 불확실성이 커진 이 시대에 자기 능력을 발휘하며 살아가기 힘들기 때문이다. 우리 아이들이 자신의 능력을 마음껏 발휘하며 살아가기 위해서는 새로운 교육 방법이 필요하다.

바로 남과는 다른 창의력을 가지고 사업의 기회를 찾는 기업가적 기민성과 좋은 팀원들과 협업하며 실패를 두려워하지 않고 도전하는 기업가 정신, 즉 창업가 정신이 필요한 것이다.

미국 애리조나대학에서 13년간 추적연구를 한 결과 기업가 정신 교육 이수자가 그렇지 않은 경우에 비해 창업률이 3배가 높았고 미국 창업자 중 기업가 정신 교육 이수자의 연 수입이 그렇지 않은 그룹에 비해 27%가 높았으며 자산은 62%가 높다는 결과가 나왔다.

반드시 수입과 자산만을 이야기하는 것은 아니다. 서두에도 언급했듯이 창업의 과정은 수많은 문제를 해결해야 하는 과정이다. 그 과정을 직접 겪으며 그 어떤 책이나 선생님에게도 배울 수 없는 것을 스스로 배우고 터득하게 되는 것이다.

우리 아이들은 원하든 원하지 않든, 그 어떤 때보다도 불확실하고 예측이 불가능한 시대를 살아가야 한다. 따라서 이러한 아이들에게는 이미 알려진 것을 가르치는 교육이 아닌 미지의 것을 발견하고 거기서 기회를 찾는 교육이 절실히 필요하다. 그것이 바로 최고의 공부법인 기업가 정신 교육, 즉 창업 교육인 것이다.

그런데 창업가의 자질은 하루아침에 만들어지지 않는다. 기업가 정신이란 아이가 자라는 과정에서 수많은 경험을 차곡차곡 쌓아서 만들어줘야 한다. 오랜 시간에 걸쳐 발전시키고 키워나가야 하는 장기전 게임인 것이다. 그렇게 수많은 경험으로 쌓인 기업가 정신이 미래를 살아갈 우리 아이들에게 그 어떤 것보다 강력한 비장의 무기가 될 것이다.

그래서 부모교육은 중요하다. 부모만이 자녀의 기업가 정신을 오랫동안 장기적으로 다양한 경험을 통해 심어줄 수 있기 때문이다.

유대인들의 성공은 이미 많이 알려져 있다. 0.2%의 인구로 노벨상의 22%를 수상했다. 유대인들은 핍박받았던 고난의 역사로 인해 자신이 유대인임을 굳이 밝히지 않는 경우가 많아 실제로는 대략 30% 정도가 유대인 수상자라는 통계가 있다. 이외에도 아이비리그의 유대인 비율이 30%를 육박하며 토론과 논쟁으로 단련된 유대인들은 미국 법조계를 주름잡고 있다. '재판에서 이기려면 유대인 변호사를 선임해라.'라는 말이 있을 정도이다. 또한 어릴 때부터 하브루타로 상상력과 창의력을 키워온 유대인들은 픽사, 20세기폭스, 컬럼비아 픽처스 등 할리우드 대부분의 영화사를 만들기도 했다. 스티븐 스필버그 감독을 비롯한 유대인 출신의 유명 영화감독, 작가, 배우들이 할리우드를 평정하고 있어 '할리우드에서 유대인에게 줄을 대지 않으면 성공하지 못한다.'라고 할 정도이다.

또한 미국 월스트리트 대형 금융사의 90%가 유대인의 소유이거나 유대인이 큰 지분을 소유하고 있는 상황이며 유대인은 언론과 돈줄을 틀어쥐고 미국 정치까지 쥐락펴락하고 있다. 미국 인구 중 유대인이 차지하는 비율은 2%인데, 그 2%가 나머지 98%를 먹여 살린다는 말이 있을 정도이다.

이렇듯 말로 다 열거하기도 어려운 유대인들의 전설 같은 성공 이야기를 뒤로하고 미래 창업 시대를 살아갈 우리 아이들에게 어린 시절부터 기업가 정신을 심어줄 솔루션으로 '하브루타(havruta)'를 제시하고자 한다.

하브루타 교육협회 전(前) 이사장이었던 고(故) 전성수 교수님은 『부모라면 유대인처럼 하브루타로 교육하라』에서 "유대인은 머리가 좋게 태어났다기보다 머리가 좋아지도록 키워진 것이며 그 비결은 하브루타에서 찾아야 한다"라며 이렇게 덧붙였다.

"두뇌를 발달시키려면 '자극'이 가장 중요하다. 짝을 지어 질문하고 대화하고 토론하고 논쟁하는 하브루타는 뇌를 역동적으로 자극한다. 즉 뇌를 격동시켜 최고의 두뇌로 만들어주는 데 결정적인 기여를 한다."

뇌를 격동시킨다는 말은 '생각'을 하게 만든다는 뜻으로, 하브루타는 바로 생각을 하게 만든다는 것이다.

유대인은 문화 자체가 하브루타이다. 이러한 하브루타가 기존의 교육을 바꿀 혁신적인 방법으로 대두되며 여러 선구자의 노력으로 우리나라에도 많이 알려지게 되었고 하브루타 관련 도서도 많이 출판되었다. 그러나 기존의 하브루타 관련 도서를 읽는 독자들은 하브루타가 좋은 것은 알겠으나 구체적으로 어떻게 실천하면 좋을지 막막해했다.

그래서 이 책은 하브루타 이론을 담기보다는 실제 우리 가족이 오랫동안 진행했던 하브루타 실천 사례를 소개하여 독자들이 바로 가정에서 바로 적용해볼 수 있도록 구성했다.

이 책은 한 번에 끝까지 읽기보다는 참고서처럼 옆에 두고 '1일 1 에피소드'를 읽은 후 아이에게 어떻게 적용해볼 것인지 고민하며 그것을 실천하는 과정을 거쳤으면 좋겠다. 그렇게 하면 부모와 자녀 모두 하브루타에 많이 익숙해지고 그 과정에서 기업가 정신도 견고히 형성될 것이다.

혹 이 책에 나오는 우리 아이의 글과 우리 가족의 질문이나 토론 수준이 독자의 기대에 미치지 못할 수도 있다. 그러나 하브루타의 기본은 어떠한 질문이나 생각도 비난하지 않고 칭찬하고 격려해주는 것이다. 그러므로 책을 읽는 독자들도 마음을 열고 자녀와 하브루타를 시도할 때 아이의 질문이 부모의 기대에 미치지 않더라도 조바심을 내지 않았으면 좋겠다.

그저 아이 눈을 마주하고 마음을 열어 아이의 이야기를 경청하면 된다. 그러다 보면 어느새 자녀와의 마음의 문이 열리고 질문과 대화는 진정성 있고 더욱 윤기 있게 변해갈 것이다. 당연히 그 과정에서 아이뿐만 아니라 부모도 한 뼘씩 성장하는 모습을 발견할 수 있다.

창업 교육 현장에서 많은 스타트업 기업과 사람들을 만나면서 어떤 스타트업이 성공하고 실패하는지를 연구하게 되었다. 세상의 빠른 변화를 보며 아이의 미래를 걱정하는 부모님들에게 도움이 되고자, 창업 현장의 각 분야 최고 전문가들에게 얻은 인사이트를 이 책에 최대한 담으려 했다. 부디 사랑하는 아이들에게 기업가 정신을 일찍부터 심어주려는 부모님들에게 이 책이 도움이 되었으면 좋겠다.

이 책을 정리하는 동안 하브루타교육협회 전 협회장이자 하브루타를 전국 방방곡곡에 알리기 위해 밤낮없이 애쓰셨던 고(故) 전성수 교수님 말씀이 많이 떠올랐다.

"우리 아이들에게 수업 듣고, 외우게 하고, 시험 보고, 잊어버리는 죽은 공부는 그만 시켜야 한다."

질문하고 대화하고 토론하고 논쟁하는 하브루타로 진짜 살아 있는 교육이 이루어지는 시대가 우리나라 교육 현장에도 빨리 정착되고 기업가 정신으로 다져진 우리의 아이들이 세계를 이끌어가는 인재로 성장하길 바란다.

하브루타를 늘 함께해준 아들 선우와 든든한 응원군 남편, 그리고 어머니처럼 든든히 뒤에서 나의 길을 응원해주시는 하브루타부모교육연구소 김금선 소장님께 감사드리며, 하루가 다르게 빠르게 변화하는 창업생태계에 자리할 수 있도록 길을 열어주신 국민대학교 글로벌창업벤처대학원 교수님들께 깊은 감사를 드린다.

2019년 10월, 박미정

목차

두 번째 비밀
끊임없이 도전하며 탐구하는 창의성 하브루타

세 번째 비밀
타인과 협업을 가능하게 하는 인성 하브루타

네 번째 비밀
올바른 방향을 정하는 판단력 하브루타

다섯 번째 비밀
더 나은 해결책을 찾는 커뮤니케이션 능력 하브루타

여섯 번째 비밀
행복하고 올바른 삶을 살게 하는 지혜 하브루타

일곱 번째 비밀
일상에서 끊임없이 배우는 일상 하브루타

THE 7 SECRETS OF FUTURE LEADER

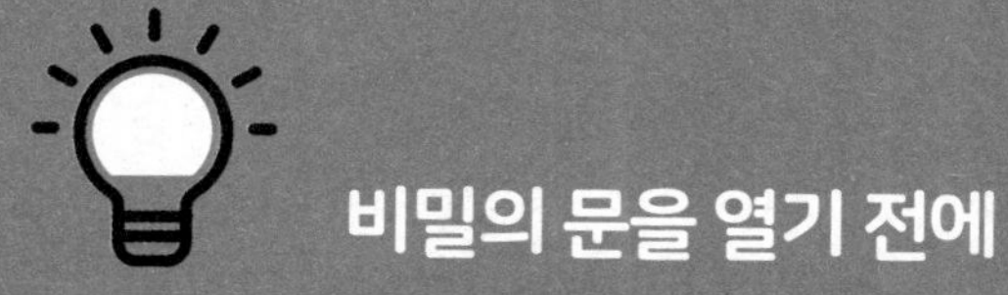

하브루타로 키우는 우리 아이 기업가 정신!

-1-

변화를 읽고 쓰나미를 타고 넘을 것인가?

· 2015년 국제 수학 올림피아드 세계 3위

· 2015년 국제 물리 올림피아드 세계 2위

· 2016년 국제 수학 올림피아드 세계 2위

· 2016년 국제 물리 올림피아드 세계 1위

· 2017년 국제 수학 올림피아드 세계 1위

· 2017년 국제 물리 올림피아드 세계 1위

우리나라 학생들의 국제올림피아드 성적이다. 다른 나라의 부러움을 살만한 대단한 성적이다.

많은 부모가 내 아이가 각종 대회에서 훌륭한 성적을 내고 하버드대나 예일대와 같은 유명한 대학에 입학하기를 기대한다. 또 이런 아이비리그 명문 사립대들에 입학이라도 하면 부모의 기대감은 더 커진다.

"우리 아이는 학교를 졸업한 후 미국 주류사회에 진출하여 떵떵거리며 잘 살 거야."

이렇게 우수한 성적을 얻은 아이들이라면 미 주류사회에 진출하여 전 세계를 이끌어야 하는 것이 당연해 보인다. 그러나 현실은 그렇게 간단하지가 않다.

한 기관에서 아이비리그 명문대에 입학한 한국 학생들의 중도 탈락률을 조사한 적이 있다. 결과는 충격적이었다. 중도 탈락률이 무려 44%였다. 거의 절반에 가까운 학생들이 중도에 학업을 포기한 것이다. 그 원인과 이유를 조사해보니 우리나라 아이들의 학습 특성이 문제였다. 대학의 수업은 대부분 협업으로 프로젝트를 진행해야 하고 창의적으로 문제를 해결하고 인성이 잘 형성되어 있어야만 좋은 성과를 낼 수 있다.

"밤잠을 줄이며 공부하고 이동하는 차나 편의점에서 식사를 하며 먹는 시간조차도 줄여 입시에 매달리다 보니, 인성교육이 되어 있지 않고 협업능력과 창의적 문제 해결력이 부족합니다."

전문가들의 분석이었다. 그러니 우리나라 학생들은 학점이 잘 나올 리 없고, 결국 마음고생하며 힘들어하다가 중도 탈락하는 것이다. 힘겹게 졸업을 한다고 해도 사정은 나아지지 않는다. 미국 주류로 진출하기는 더 어렵다고 한다. '그렇게 입시 공부에 매달리며 살아온 시간이 무슨 의미가 있을까?'라는 생각도 든다.

문용린 교수의 『지력혁명』이라는 책을 보면 '아인슈타인, 에디슨, 퀴리 부인이 한국에 태어난다면?'이란 아주 유명한 이야기가 나온다.

김옥균이 하늘나라에서 옥황상제를 만났다. 옥황상제는 내기 바둑을 두어 김옥균이 이기면 소원을 들어주기로 했는데, 김옥균의 바둑 실력이 옥황상제보다 뛰어나서 김옥균이 승리했다.

"우리나라가 잘사는 나라가 되게 해주십시오. 귀감이 될 만한 위대한 천재 세 사람을 한국에서 다시 태어나게 해주십시오."

옥황상제는 누구를 다시 태어나게 할까 곰곰이 생각하다가 아인슈타인, 에디슨, 퀴리 부인을 다시 태어나게 했다. 그런데 시간이 지나도 한국의 발전에 진전이 없자 세 사람을 찾아갔다. 먼저 아인슈타인을 만나 보니 그는 대학에도 못 가고 허드렛일을 하고 있었다.

"너는 왜 능력을 제대로 발휘하지 못하고 있느냐?"

"저는 수학에 가장 자신이 있는데, 그것만으로는 대학에 들어갈 수가 없습니다."

다음으로 에디슨을 찾아갔다. '에디슨은 원래 대학을 안 나왔으니까 잘 되었겠지.' 하지만 아니었다. 그는 골방에서 육법전서를 읽고 있었다.

"아니, 발명을 해야지, 왜 법전을 보고 있느냐?"

"발명은 했는데 특허를 얻기가 어려워 특허법을 공부하고 있습니다."

그리고 마지막으로 퀴리 부인을 찾아갔더니 이렇게 말하는 것이었다.

"여자는 교육도 잘 해주지 않고 잘 써주지도 않는군요."

이제 더 이상 우리 아이들을 외우고 시험 보고 잊어버리기를 반복하는 기계로 만들지 않아야 한다. 기계는 생각하지 않는다. 아니, 생각할 필요가 없다. 그저 시키는 대로 하면 되기 때문이다. 이제 우리 아이들에게는 기계처럼 시키는 대로만 하게 하는 교육이 아닌 스스로 생각하고 문제를 해결할 줄 아는 아이로 성장시키는 교육이 필요하다.

-2-

네 생각은 어떠니?

4차 산업혁명이라는 말은 하도 많이 사용해서 이제는 식상할 정도다. 5G를 기반으로 한 IoT(사물인터넷, Internet of Things) 기술 등으로 수많은 데이터가 생성되고 있으며, 그것들이 클라우드(Cloud)라는 가상공간에 저장이 되어 빅데이터(Big Data)가 된다. 또 그 데이터를 인공지능을 활용해 분석하고 처리하여 우리에게 필요한 갖가지 솔루션을 제공하고 있다.

우리 아이들이 살아갈 세상은 불확실성이 크다. 예측이 불가능한 시대가 될 것이다. 그런 시대에 살아갈 우리 아이들에게 어른들이 과거 산업화 시대에 마치 부속품과도 같이 쓰이던 때의 교육방식을 그대로 가르치고 있다면, 그 결과는 불을 보듯 뻔하다.

구글링만 조금 하면 웬만한 정보는 다 나오는 세상이다. 단순한 지식과 기술을 가르쳐 봤자 정작 아이들이 세상에 나갔을 때에는 전혀 쓸모없는 내용이 되어버린다. 정보와 지식과 기술은 하루가 다르게 혁신이 이루어지기 때문이다.

20년 후, 우리 아이가 그동안 공부했던 것들이 전혀 쓸모없는 것임을 알고 좌절하도록 만들지 말자. 오히려 어떠한 상황이나 어려움에도 스스로 질문을 던지고 그 질문을 통해 생각하고 더 나은 방향을 스스로 찾는 힘을 길러주자. 그것이 지금 우리 부모가 아이들에게 해줄 수 있는 가장 크고 위대한 유산이라고 생각한다.

자녀를 글로벌 리더로 키우고 싶은 마음은 모든 부모가 같을 것이다. 하브루타 부모교육연구소에서 김금선 소장님의 장녀 김윤정 양이 '글로벌 인재를 꿈꾼다면?'이란 주제로 강연을 한 적이 있었다.

윤정 양은 김 소장님의 하브루타 자녀교육법에 따라 어린 시절을 보내고 지금은 국제무대에서 당당히 자신의 몫을 해내는 글로벌 리더로 성장하고 있다. 하브루타 부모 아래에서 훌륭한 모습으로 성장한 윤정 양은 강연에서 미래 인재에 대한 요건을 몇 가지 제시했다.

먼저, 자립심과 강한 멘탈을 꼽았다. 그녀는 여러 나라를 다니면서 일하며 살다 보니 낯설고 새로운 환경에 잘 적응해나가는 능력이 필요하다는 걸 알게 됐다고 한다. 어려움을 극복하고 경쟁에서 살아남기 위해 스스로 설 수 있는 마음과 흔들리지 않는 멘탈이 가장 중요하다는 것이었다. 이를 부모님이 자녀들에게 자립심을 키울 수 있는 작은 기회들을 자주 만들어주어야 한다고 강조했다.

"방을 청소하거나 설거지를 하는 것처럼 혼자 할 수 있는 작은 기회를 만들어주세요. 어릴 때부터 해보지 않으면 커서는 더 할 수 없어요."

두 번째는 자존감과 자신감을 제시했다. 자존감과 자신감도 어느 날 갑자기 생기는 것이 아니다.

"사랑받는 존재임을 표현해주는 것이 중요해요. 어떤 일에 실패하더라도 결과가 아니라 도전 자체를 칭찬해주어야 합니다."

윤정 양은 자존감 높은 엄마가 자존감이 높은 아이를 키울 수 있다고 설명했다.
마지막으로 질문과 협상 능력을 강조했다. 언제 어디서든 당당하게 질문할 수 있고 협상할 수 있는 아이로 키워야 한다는 것이다.

"유학은 돈이 많이 들기 때문에 부모님께서는 저희를 단기 유학으로 보내주셨어요. 그곳에서 공부를 더 하고 싶었던 저는 학교 교장선생님을 찾아가서 나중에 학교의 이름을 빛내는 사람이 되겠으니 유학을 할 수 있도록 장학금을 지급해달라고 당당하게 이야기했어요."

그 제안으로 학교 이사회가 열렸고 윤정 양은 장학금을 받게 됐다고 한다. 결국 교장선생님을 찾아가 당당하게 질문하고 협상한 것이 부모님의 유학비 걱정을 덜어드리고 해외에서 계속 공부를 할 수 있는 계기가 됐다.

윤정 양이 필요하다고 강조한 인재상이 바로 '기업가 정신을 갖춘 인재'이다. 그렇다면 우리 자녀들에게 어떻게 기업가 정신을 갖도록 해줄 수 있을까? 그 첫 단추는 부모가 모든 것을 결정하고 지시하는 것이 아니라 아이의 생각을 물어보고 아이의 의견을 존중해주며 질문을 던지는 것이다.

"네 생각은 어떠니?"

이 질문을 시작으로 더 많은 질문을 던져보자.

– 왜 그렇게 생각하니?

– 그것이 과연 옳은 생각일까?

– 다르게 바라볼 수는 없는 거니?

– 더 좋은 방향은 없을까?

– 다른 대안은 무엇이 있을까?

– 또 다르게 생각할 수는 없을까?

이런 질문들은 부모와 자녀와 가정을 바꿀 것이다. 그리고 우리 아이들을 세계를 주도하는 인재로 성장시킬 것이다.

실제로 유대인들은 이렇게 빈틈없이 질문하고 대화하며 토론하고 논쟁하는 과정에서 숫돌에 칼을 갈 듯이 뇌를 날카롭게 만들어 세계를 주도하는 인재로 성장하고 있다. 이러한 질문으로부터 얻은 유대인들의 위대한 지혜의 정신을 '이시디콥'이라고 부른다.

이시디콥이란 사람이 도저히 빠져나오기 어려울 것 같은 위기의 순간에도 아무 일도 아닌 것처럼 전후 사정을 파악하여 가장 좋은 해결책을 생각해내고 실행에 옮기는 것, 그렇게 절체절명의 순간에 터져 나오는 삶의 지혜를 일컫는다.

나와 우리 아이들도 마음만 먹으면 이시디콥 정신을 가질 수 있다. 질문이라는 길잡이가 있기 때문이다.

- 3 -

미래 인재에게 반드시 필요한 자녀교육 3가지 방향

현재 우리나라의 학교나 기관에서는 청소년이나 대학생들을 대상으로 기업가 정신 교육과 창업 교육을 큰 규모로 하고 있다. 우리 미래를 책임질 세대에 창업 교육으로 공을 들이는 이유는 무엇일까? 이 많은 학생이 모두 창업을 하게 하려는 것일까?

기업가 정신 교육, 즉 창업 교육은 미래 시대를 살아갈 우리 아이들에게 꼭 필요한 요소들을 키워줄 수 있는 교육이기 때문에 이런 기회를 제공하는 것이다.

창업대학원에서 창업학을 전공하면서 가장 많이 접하는 창업 성공모델은 이스라엘의 사례들이다.

이스라엘은 인구 840만 명의 작은 나라이지만 연간 700개의 스타트업이 탄생하는 창업의 메카이며 성지로 불릴 정도다. 창업생태계에 있는 사람들에게 이스라엘 사례는 언제나 부러움과 연구의 대상이다. 당연히 이스라엘의 성공비결을 연구한 논문과 서적은 수없이 쏟아져 나오고 있다. 이에 따라 우리나라뿐만 아니라 세계 각국에서도 이스라엘 창업의 성공비결을 배우기 위해 많은 관심을 기울이고 있다.

이스라엘 창업의 성공비결은 자녀교육으로 거슬러 올라간다. 어릴 때부터 질문하고 토론하는 자녀교육방식 안에는 실패를 두려워하지 않는 '후츠파 정신'이 있고, 3,000년간 나라도 없이 온갖 핍박을 받으며 전 세계를 떠돌면서도 그들 민족만이 스스로를 지킬 수 있다는 믿음으로 강하게 연대하고 협업할 수 있었던 '디아스포라 정신'이 숨어 있다.

그렇다면 우리 아이를 창업 시대에 꼭 필요한 인재로 키우기 위해서는 어떻게 해야 할까? 내가 창업생태계 내에서 네트워킹하고 있는 최고의 전문가들로부터 얻은 성공하는 창업가들의 공통적인 자질과 그것을 갖추기 위해 부모가 해야 할 핵심적인 교육 3가지 요소는 다음과 같다.

첫째, 우리 자녀들이 자기 결정권을 통한 자기 주도적 경험을 풍부하게 쌓도록 지원하라. 자기 결정권을 가지고 도전하고 시도하는 과정에서 수많은 시행착오를 거치며 그 속에서 배움을 얻는 것, 즉 실패를 통해 배우는 교육이 필요하다는 것이다.

둘째, 우리 자녀들이 차별화의 길, 바로 창의성을 갖도록 지원하라. 창의성은 몰입을 통해 자신의 관심 분야로 깊게 끝까지 들어가는 것에서 생겨난다. 과정의 전체를 경험해보는 것이 중요한 이유다.

몰입에 이르는 과정은 쉽지 않다. 먼저 호기심이 필요하다. 재미있게 즐기는 것이어야 한다. 호기심과 즐거움은 창의력의 첫 단추이다. 아이의 호기심을 자극시키고 즐거움을 줄 수 있도록 도와주어야 한다.

셋째, 우리 자녀들이 성공적인 협업을 할 수 있는 인성을 갖추도록 지원하라. 스타트업은 서로 다른 능력을 가진 사람들이 함께 해야만 성공 가능성이 높아진다. 투자자들이 창업자뿐만 아니라 창업 팀을 중요하게 여기는 이유이기도 하다.

협력과 팀워크는 인성이 근간이 된다. 만약 인성이 잘 갖추어져 있지 않은 사람이라면 당연히 팀워크는 약화되고 외부의 지원이나 투자를 받기가 어려워진다. 창업 성공 확률이 떨어지는 것이다.

미래 인재상과 과거 인재상은 분명 다르다. 그러므로 미래 인재교육 방법과 과거 인재교육 방법도 확실히 다르다.

창업 시대 기업가 정신을 길러주기 위한 자녀교육의 방향은 정답을 알려주며 빠르고 안전한 길을 안내하는 교육이 아니라 시간이 걸리더라도 아이가 스스로 길을 찾게 하고 작은 실패의 순간을 귀하게 여기는 하브루타 교육에 있다.

많은 부모님이 우리 자녀를 글로벌 리더로 키우고 싶은 소망이 있을 것이다. '소망하는 것이 있다면 소망과 동시에 무언가를 실천하고 있어야 한다.'라는 격언이 있다. 자녀가 미래 리더로 성장하길 소망한다면, 지금 우리 가정에서 할 수 있는 하브루타를 실천하며 기업가 정신을 견고히 만들 수 있는 기회를 주어야 한다.

지금부터 나와 초등학교 6학년 아들 선우가 3학년 때부터 실천해왔던 기업가 정신을 키워주는 하브루타 방법을 상세히 소개한다.

THE
7 SECRETS
OF FUTURE
LEADER

첫 번째 비밀

스스로 경험하고 배우는 자기 주도력 하브루타

- CHECK POINT -

자기 주도력은 왜 필요할까?

나는 창업을 전문적으로 배우며 창업이 이루어지는 최전선에 있다. 그런 과정에서 다양한 최신 기술들을 접할 기회가 많다. 내 생각에 4차 산업혁명의 기술 중에서도 가장 중요한 핵심요소는 '빅데이터'와 '인공지능'이다. 인공지능이 빅데이터를 분석하여 우리에게 유용한 정보를 만들어낸다. 인간이 쉽게 찾지 못하는 솔루션을 단숨에 얻을 수 있게 된 것이 바로 4차 산업혁명의 핵심이다.

그만큼 빅데이터와 인공지능은 중요해졌다. 어떤 분야의 일이든 미래 성패를 좌우하는 기준이 되고 있는 셈이다. 우리가 아는 대부분의 글로벌 기업들은 인공지능의 성능 향상에 기업의 사활을 걸고 있다고 해도 과언이 아니다.

그런데 인공지능의 개발과정을 살펴보면 우리에게 매우 중요한 시사점을 던져준다. 개발자들이 처음 인공지능을 개발했을 때는 규칙과 정보를 모두 입력하는 '하향식 방법'으로 접근했다. 마치 엄마가 아이에게 정답을 놓고 알려주거나 지시하는 방식과 유사한 방식이었다. 그러다 보니 오차를 줄이기 위해서 더 정교한 규칙과 정보를 주입하는 것에 집중할 수밖에 없었다. 그러나 그런 방식에서 한계는 금방 드러냈다. 예를 들어 다리가 4개 있고 꼬리가 1개 있는 동물인 개와 고양이조차 인공지능은 구별하지 못했던 것이다.

그 이후 인공지능 개발은 하향식이 아닌 상향식 접근방법으로 바뀌었다. 엄마가 정답을 알려주는 것처럼 정답을 주입시키는 방식이 아니라 인공지능 스스로 많은 빅데이터를 통해 스스로 학습하며 판단의 오차를 줄여나가는 방식으로 바꾼 것이다.

이런 사고의 전환이 인공지능의 급속한 발전을 가져왔다. 현재 인공지능의 성능은 급속도로 발전해 앞으로 얼마만큼 발전할지 예측하기조차 어렵고, 그것을 만들어낸 사람들조차 그 발전 속도에 두려움을 느끼고 있을 정도라고 한다. 이것은 바로 자기 주도적 경험으로부터 학습하고 발전하도록 설계해서 가능해진 것이다.

"나는 자녀들이 스스로 무엇인가를 경험하고 그 속에서 배울 기회를 충분히 주고 있는가?"

지금 우리는 스스로에게 한 번쯤 이런 질문을 던져보아야 한다. 계란 프라이를 스스로 해먹다가 기름이 손등에 튀어 피부가 부풀어 올라본 경험, 혼자 대중교통을 타고 좋아하는 야구수업에 가면서 길을 잃을까 봐 조마조마했던 경험, 재활용 쓰레기를 잘 분리하려고 신경을 쓰며 아파트 쓰레기장에서 시간을 보냈던 경험, 화장실 청소를 할 때 사용하는 세제가 너무 독해서 마스크 3개를 겹쳐 끼고 물안경에 고무장갑까지 완전무장을 했던 경험. 내 아들 선우에겐 이렇게 다양한 경험이 있고 그 수많은 경험이 선우를 변화시켰다. 매 순간 삶 속에서 주도성을 키울 수 있었기 때문이다.

아이들은 어릴 때부터 자기 주도적으로 많은 것들을 결정하고 경험해 볼 때 자기 인생도 주도적으로 살아갈 수 있는 힘이 생긴다. 또한 그러한 경험과 작은 실패가 아이들의 미래에 필요한 정신적 자산이 되는 것이다.

- 1 -

놀이공원은 혼자서도 다녀올 수 있어요

선우가 초등학교 4학년 때 일이다. 그날은 처음으로 부모 없이 아이들끼리 놀이공원에 가는 날이었다. 아이들은 놀이공원을 좋아한다. 그런데 가족이 놀이공원에 가면 엄마, 아빠와 아이 사이에 문제가 너무 많이 생긴다.

아이는 놀이기구를 타기 위해 긴 줄을 서서 기다려야 하는 지루함에 엄마와 아빠에게 투덜대고 짜증을 낸다. 먹는 음식을 가지고도 항상 실랑이를 벌여야 한다.

"패스트푸드와 음료수는 조금만 먹자!"

"이미 먹을 만큼 먹었잖아!"

아이를 위해서 나선 놀이공원이 이러한 사소한 일들로 인해 기분 좋지 않게 마무리되는 경우가 너무 많다. 아이도 일부러 짜증을 낸다기보다는 모든 걸 챙겨주는 엄마와 아빠가 옆에 있으니 조금만 힘들어도 투덜대기 일쑤다. 그래서 남편과 이런저런 이야기 중에 이번에는 선우 친구들끼리 놀이공원을 보내자는 의견이 나왔다. 선우도 많이 자랐고 자기주도력을 키워주기 위한 좋은 기회가 될 것 같다는 생각이었다.

물론 평소에도 선우는 스스로 하는 것들이 많았기 때문에 별 거부감 없이 '오케이'했다. 친구들끼리만 놀이공원에 간다고 하니 오히려 더 신나 보이기도 했다. 다만 친구 엄마들을 설득하는 것에서 시간이 좀 지체가 됐다. 내심 나도 걱정이 많이 되긴 했다. 혹시 중 · 고등학교 누나 형들이 혹시 나쁜 짓을 하는 것은 아닌지, 나쁜 마음먹은 어른을 만나는 것은 아닌지! 그래서 나는 선우와 놀이공원을 가기 전에 충분히 하브루타를 했다.

선우는 3명의 친구와 함께 처음으로 부모님 없이 가는 첫 번째 놀이공원 나들이를 갔다.

중간중간 사진도 열심히 보내왔다. 어른들과 함께 갈 때는 곤충은 이제 시시하다고 보지도 않더니 친구들끼리 가니까 곤충을 보는 것도 재미있었는지 곤충 존에서 찍은 사진을 보내오기도 했다. 사진만 봐도 처음 친구들과 함께 간 놀이공원을 아주 즐거워 한다는 게 느껴졌다.

선우는 친구들과 밤늦게까지 재미있게 놀다가 무사히 돌아왔다. 선우는 놀이공원에서 있었던 일을 신나게 이야기했다.

"대신 줄 서주는 엄마가 없으니 스스로 길게 줄을 서서 기다렸다가 놀이기구 타는 게 힘들었어. 서로 타고 싶은 놀이기구가 달라서 친구들과 티격태격했어."

그러면서 서로 타고 싶은 놀이기구를 양보하고 조율했던 이야기, 음식을 먹을 때도 먹고 싶은 것이 달라 서로 조율했던 이야기도 들려주었다.

아이들은 부모가 생각하는 것보다 훨씬 강하다. 서로 소통하고 다른 의견이라도 양보하며 조율할 수 있는 힘을 가지고 있다. 부모는 우리 아이들이 잘 해낼 수 있는 힘이 있다는 걸 믿어야 한다.

선우와 나눈 하브루타 브레인스토밍

① 교통편은 어떻게 될까?

② 만일 길을 잘못 들었다면 어떻게 할까?

③ 놀이공원에서 나쁜 형들을 만난다거나 위험한 상황이 생기면 어떻게 할까?

④ 엄마와 아빠가 함께 갈 때와의 차이는 무엇일까?

⑤ 음식은 어떤 것들을 사 먹을 예정인가?

⑥ 친구들과 의견이 다를 때는 어떻게 하면 좋을까?

⑦ 예상치 못했던 문제가 생긴다면 어떻게 할 것인가?

⑧ 친구들과 가면 좋은 점은 무엇인가?

⑨ 엄마 아빠와 함께 가면 좋은 점은 무엇인가?

⑩ 엄마 아빠는 놀이공원이 즐거울까?

⑪ 엄마 아빠가 놀이공원보다 더 가고 싶은 곳은 어디일까?

⑫ 나이가 들면 좋아하는 곳도 달라질까?

자립심을 키워주는 하브루타 팁

놀이공원은 아이들이 제일 좋아하는 곳이라 고학년 아이라면 친구들끼리 보내기를 추천합니다. 그런데 함께 갈 친구들을 섭외할 때 어려움을 겪을 수 있어요. 자립심을 키워주고자 보내고 싶어도 다른 엄마들은 걱정이 많을 수 있습니다. 저도 3학년 때 시도했다가 함께 보낼 친구가 없어서 4학년 때 다시 시도했답니다.

어린 아이일 때부터 작은 일을 스스로 하도록 해서 많은 경험을 만들어주는 것이 중요합니다.

- 동네 슈퍼에서 우유나 두부 등을 사오는 심부름을 시킵니다.
- 잘할 경우 조금 더 먼 거리의 약국 심부름 등을 시킵니다.
- 조금 어두울 때도 가능하다면 심부름을 시켜봅니다.

처음 아이만 심부름을 보낼 때 부모님들은 걱정이 되어서 창문으로 내다보거나 몰래 따라가 보기도 합니다. 저도 처음엔 그렇게 했어요. 그러다가 아이들의 경험이 많아지면 부모님도 자연스럽게 마음을 놓을 수 있게 된답니다. 그 사이 아이의 자신감과 자립심은 점점 자라고 있습니다.

-2-

아이 주도로 세우는 여행계획

아이들의 창의력을 키우는 데 여행은 아주 좋은 경험이다. 매일 반복되는 일상에서 벗어나 낯선 환경을 접하는 것은 우리의 두뇌를 자극하고 호기심을 갖게 해주기 때문이다. 만일 우리가 인도여행을 한다고 가정해 본다면, 비행기에서 내리는 순간부터 우리말이 잘 통하지 않는 상황과 마주한다.

현지에서의 낯선 음식, 그들의 계급 문화인 카스트도 실제 접해볼 수 있을지도 모른다. 손으로 음식을 먹는 문화도 만날 수 있고 그들의 의상과 머리 스타일, 숙소, 교통 등 모든 것이 낯설 것이다.

그런 특별하고 다른 경험들이 뇌를 자극하고 문제를 해결하기 위해 끊임없이 생각하도록 만들 것이다. 그러면서 자연스럽게 창의력이 키워지는 것이다. 계속해서 상황을 파악하고 문제를 해결해야 하기 때문이다. 그래서 너무 편안한 여행보다는 조금 힘든 여행을 선택하는 것도 좋다.

얼마 전 우리 가족은 일본 여행 계획을 세웠다. 그러나 내게 급한 일정이 생기는 바람에 결국 선우와 아빠만 여행을 떠나게 됐다. 처음으로 엄마 없는 '부자여행'이 되었지만 그동안 '부자'만의 캠핑 경험이 많았으므로 나는 별로 걱정하지 않았다.

그런데 선우 친구 중 한 명도 지난 여름에 아빠와 둘이서 여행을 다녀왔다고 한다. 그 친구는 여행 후 아빠와 둘이서는 다시 여행을 가지 않겠다고 했다고 한다. 왜냐하면 여행지에서 아빠와 계속 말다툼이 있었고 부딪치는 상황이 계속 생기다 보니 아빠도 친구도 모두 좋지 않았던 기억으로 남았기 때문이었다. 만약 여행 전에 서로 하브루타를 충분히 하면 여행 중 생길 수 있는 다양한 문제를 예측하고 생각해볼 수 있기 때문에 여행지에서 큰 문제나 갈등을 줄일 수 있다.

아빠와의 여행은 준비부터 선우 주도로 이루어졌다. 짐 목록을 기록하고 짐을 하나하나 챙기는 과정도 하브루타로 이루어졌다. 어떤 코스를 잡을 것이며 그 여정에서 필요한 것이 무엇인지 질문과 대화로 체크해나갔다.

여행지 코스 목록도 선우가 담당했다. 공항에서 내려 어떤 교통편을 이용해 숙소로 어떻게 이동할 것인지, 음식점과 관광지는 어디를 갈 것인지를 파워포인트(PPT문서)로 정리했다. 준비과정부터 선우 주도로 이루어지니 당연히 아이는 그동안의 따라다니는 여행과는 다르게 책임감을 느끼는 것 같았다.

친구들 모임에서 들었던 이야기가 있다. 어떤 부부가 고등학생 아들과 해외여행을 갔는데 아들이 여행에는 관심도 없고, 관광도 하지 않고 차에 남아 쉬겠다고 했다고 한다. 아들이 계속 불만을 표현하며 투덜거리기만 해대니 결국 부모가 폭발을 해서 아들만 먼저 우리나라로 돌려보냈다는 것이었다.

'갈 때는 한 비행기, 올 때는 다른 비행기.'라며 농담을 하며 웃긴 했지만 그 부모와 아이 마음을 생각해보면 참으로 안타깝고 속상한 일이다. 오히려 함께 가지 않았던 것이 더 좋았을 씁쓸한 가족여행이 된 것이고, 가족들에게 깊은 상처로 남았을 것이다. 우리집 부자여행은 선우가 더 적극적이었다. 그 덕분에 무더운 여름이었지만 즐겁게 여행을 마칠 수 있었다.

모든 일에는 주인 마인드와 손님 마인드가 존재한다. 주인과 손님 입장일 때 느끼는 책임감이 달라지듯 여행 준비도 누가 주도를 하느냐에 따라 책임감과 즐거움의 크기도 달라질 수 있다. 만약 앞으로 가족여행을 계획한다면 더 큰 책임감과 즐거움을 아이에게 맡겨보는 것은 어떨까?

선우와 나눈 하브루타 브레인스토밍

① 여행지는 어디 어디를 갈까?
② 각각 그날 필요한 물건들은 무엇이 있을까?
③ 짐은 어떤 것들을 챙겨야 할까?
④ 공항에서 호텔까지 어떻게 이동해야 할까?
⑤ 그곳에 가면 어떤 음식이 맛있을까?
⑥ 친구들 선물은 어떤 걸 사올까?
⑦ 아빠와 의견이 맞지 않을 때는 어떻게 할까?
⑧ 밤에 심심할 때는 무엇을 할 수 있을까?
⑨ 스쿠버다이빙을 할 때 위험한 요소는 없을까?
⑩ 다음 여행할 때는 계획을 더 잘 세울 수 있을까?
⑪ 다음 여행에서는 어떤 계획이 수정될까?

아이 주도 여행 계획의 하브루타 팁

① 책을 보거나 TV를 보다가 아이가 가고 싶은 여행지를 직접 고르도록 해주세요.

② 아이가 가고 싶은 여행지에 대해 음식점, 숙소, 관광지 등을 분담해서 조사한 후 하브루타를 하세요.

③ 숙소나 교통편의 예약 등 모든 과정에 아이를 동참시키세요.

④ 여행지에서 있을 수 있는 상황을 질문으로 만들어 하브루타를 하세요.

이렇게 하브루타를 하며 아이 주도로 다녀온 한 번의 여행은 엄마 아빠의 뒤를 따라서 다녀온 열 번의 여행보다 많은 것을 아이에게 남겨준답니다. 아이를 모든 과정에 동참시키고 여행지에서 아이가 선택했던 음식점이나 숙소 등에 대해 칭찬하는 것도 잊지 마세요.

유대인 에디슨의 발명은 주도적인 기회를 준 어머니의 힘

2년 전 가족여행으로 강릉에 있는 에디슨박물관에 갔던 적이 있었다. 그곳에는 에디슨의 3대 대표적 발명품인 축음기, 전구, 영사기는 물론 그가 생전에 발명하고 개발했던 커피포트, 타자기, 선풍기, 다리미 등 각종 생활용품과 가전제품, 주방기기가 전시되어 있었다. 선우도 요리조리 구경을 다니며 무척 즐거워했다.

발명왕 에디슨이 어린 시절 알을 부화시키려고 알을 품고 지낸 적이 있다는 것은 유명한 일화다. 에디슨은 친구를 날게 해주겠다며 가스를 먹여 응급실에 실려가게 하기도 했다. 나무가 잘 말랐는지 확인한다며 나무를 태워보다가 집에 불을 낸 적도 있다. 이렇게 호기심 많은 에디슨은 학교에 입학은 했으나 수업 시간에 질문이 너무 많고 다른 아이들에게 방해가 된다는 이유로 3개월 만에 학교에서 쫓겨났다.

어머니의 마음은 어땠을까? 상황만 본다면 너무도 절망적이다. 그러나 에디슨의 어머니는 에디슨을 끝까지 믿어주었다. 그녀는 아들이 알

을 며칠 동안 품어도 조급하게 가르치지 않았고, 아이가 즐겁게 경험하고 그 안에서 스스로 배울 수 있도록 기회를 주었다.

인간은 본능적으로 재미를 추구한다. 시시하고 지루한 것보다 즐겁고 재미있는 것을 하고 싶어 하는 욕구는 당연하다. 즐거운 일을 할 때 인간의 두뇌는 몰입하게 된다. 실패하더라도 다시 시도하게 한다. 이것이 끈기의 시작이다.

에디슨도 전구를 발명할 때 만 번의 실패를 겪었지만 좌절하지 않고 끝까지 해냈다. 바로 자기주도적으로 선택한, 재미있는 일을 했기 때문이다.

자기주도성이 중요한 이유이다. 아이들이 하고 싶은 것이 생겼을 때, 궁금한 것이 생겼을 때 시도해볼 수 있는 기회를 주어야 한다. 부모의 지지를 받으며 하고 싶은 일을 하고, 실패를 하고 그 실패를 극복하면서 회복탄력성이 생긴다. 이 힘은 아이가 자라 부모를 떠나고 세상에 나갔을 때 큰 실패를 겪더라고 좌절하지 않고 다시 일어설 수 있는 원동력이 되어줄 것이다.

- 3 -

혼자 KTX 타고 방학캠프 다녀왔어요

지난 5학년 여름방학 때 선우는 대전에 위치한 카이스트에서 3일 동안 진행하는 '코딩 캠프'에 참가했다. 마침 함께 참석하는 친구 엄마가 선우도 함께 데려가 주겠다고 했다. 그런데 날짜를 며칠 앞두고 변수가 생긴 것이다. 친구네가 대전에 살고 계시는 조부모님 생신 일정이 겹쳐서 하루 일찍 내려가게 되었다고 했다.

선우가 캠프에 참가하려면 다른 방법을 생각해야 했다. 그런데 나는 문득 '선우가 혼자 갈 수 있지 않을까?'라고 생각하게 됐다. 평소 선우가 스스로 할 수 있도록 기회를 만들어주려고 노력하고 있는 터라 아주 좋은 기회라고 여겼다. 즉시 나는 선우와 하브루타를 했다. 선우는 의외로 쿨하게 제안을 받아들였다. KTX 특실표를 끊어주면 혼자서 가보겠다는 것이다. 우리는 예매를 했고 드디어 선우가 혼자 대전으로 떠나는 월요일이 되었다. 우리는 새벽부터 서둘러 서울역으로 향했다.

선우의 여정은 다음과 같다.

1단계 : 혼자 KTX를 타고 대전역까지 간다.
2단계 : 대전역에서 내려 택시를 타고 카이스트로 간다.
3단계 : 카이스트에 도착하여 수업이 있는 강의실을 찾아간다.

크게 어려울 것 같지는 않아 보였으나 담담하던 선우는 출발 시간이 가까워지자 조금 긴장한 듯 보였다. 선우가 좋아하는 롯데리아에서 음식을 함께 먹으면서 가는 도중에 생길 수 있는 여러 가지 상황을 미리 예상해보면서 하브루타를 했다. 시간이 다 되어서 선우는 KTX에 탑승했다. 나도 남편도 속으론 함께 긴장하고 있었다. 한참 뒤에 카이스트 캠퍼스에 무사히 도착했다고 선우에게 연락이 왔고 그제야 좀 안심이 되었다. 그리고 선우 친구 엄마로부터 선우 사진과 함께 연락이 왔다.

"언니, 선우 만났어요! 선우 혼자 왔네? 혼자 보낼 거면 미리 이야기하지 그랬어요? 우리가 대전역으로 데리러 가면 되는데요. 저희 부모님이 선우를 보고 감동하시네. 언니, 완전 존경해요. 언니의 자녀교육 방법을 벤치마킹해야겠어요."

평소에도 일하는 나를 배려해주고 선우를 많이 챙겨주는 고마운 지인이다.

3일간의 캠프가 끝나고 대전에 사시는 선우 친구의 할머니, 할아버지께서 선우를 KTX에 태워주시며 직접 전화까지 해주셨다. '어쩌면 그렇게 아들을 똘똘하게 키웠느냐?'하며 나에게 칭찬을 해주시는 것이었다. 어른인 나도 칭찬을 들으니 기분이 좋아지고 어깨에 힘이 들어갔다. 칭찬은 고래도 춤추게 한다는 말이 맞나 보다. 집으로 무사히 돌아온 선우도 칭찬을 너무 많이 들어서인지 자신감이 하늘을 찌르고 있었다.

유대인 부모는 언젠가는 부모의 품을 떠나 자립해야 할 자녀들을 위해 자립심을 키워주는 것을 그 무엇보다 중요하게 생각한다. 자녀가 스스로 할 수 있는 경험을 많이 만들어주는 것은 자립심을 키우는 데 가장 좋은 방법이다. 심지어 유대인 부모는 아이가 13세에 성인식을 하고 나면 편도 비행기를 태워서 다른 나라에 보내는 경우도 있다. 현지에서 여러 경험을 하며 여행경비와 돌아오는 비행기 표 값을 스스로 벌어 집으로 돌아오라는 의미이다. 그렇게 돌아오기까지 그 아이는 수많은 경험을 하고 어디서도 배울 수 없는 살아 있는 지혜를 얻게 될 것이다. 요즘은 세상이 험하여 유대인 가정의 교육처럼 하지는 못하더라도 아이가 스스로 할 수 있는 일은 최대한 할 수 있도록 기회를 주었으면 좋겠다. 그것이 아이가 어른이 되었을 때 혼자 힘으로 잘 살 수 있도록 돕는 길이기 때문이다.

선우와 나눈 하브루타 브레인스토밍

① 대전역에서 내리지 못하면 어떻게 할 것인가?

② 대전역에 내리면 그 다음에 어떻게 카이스트까지 갈 것인가?

③ 선우 휴대전화는 데이터가 제한이 있는데 급할 때는 어떻게 엄마 아빠와 연락을 해야 할까?

④ 이렇게 선우 혼자 가게 되면 엄마 아빠는 차비를 절약해서 얼마가 이득이고 선우에게 어떤 보상을 줘야 합리적일까?

⑤ 처음 만나는 친구들과 친하게 지내려면 어떤 노력이 필요할까?

⑥ 캠프 기간 동안 몸이 아프면 어떻게 해야 할까?

⑦ 카이스트까지 엄마와 함께 가지 않으면 어떤 점이 불편하고 어떤 점이 좋을까?

스스로 문제를 해결할 기회를 만들어 주는 하브루타 팁

우리 아이들은 부족한 것도 없고 너무도 편리한 세상에 살고 있어요. 이런 세상에 살고 있는 아이들에게는 좀 불편하게 사는 경험을 의도적으로라도 만들어주는 것이 필요해요.

제가 사용하는 방법은 다음과 같습니다.

① 필요한 문구용품은 본인이 직접 사게 하기
② 현장학습 갈 때 필요한 간식 직접 골라서 사오기
③ 영화티켓 직접 사서 영화 보기
④ 방문 선생님 커피와 간식 챙겨드리기
⑤ 매일 학교에 가져가는 물 직접 챙기기
⑥ 초행길을 갈 때 엄마를 따라오게 하기 보다는 아이가 길을 찾으며 갈 수 있도록 아이 따라가기
⑦ 여행지에서 길을 물어야 할 때 아이에게 물어보게 하기
⑧ 갑자기 비 내리는 날에 우산을 가지고 마중하지 않기
⑨ 준비물을 놓고 갔을 때 엄마가 가져다주지 않기

인간은 다양한 문제에 맞닥뜨리면 그 문제를 해결하려는 본능이 있어요. 엄마가 모든 걸 다 해주면 아이는 문제를 해결하기 위해 두뇌를 사용할 필요가 없어져요. 아이가 아이 스스로 문제를 해결할 수 있는 기회를 만들어줄 때 우리 아이에게 살아 있는 문제 해결력이 생깁니다.

작은 것부터 시작해보세요. 작은 시도에서 성공하면 아이는 성취감을 느끼고 자신감을 느끼게 되어 더 큰 도전도 하게 될 것입니다.

-4-

엄마! 아빠 생일 미역국은 제가 끓일게요

선우는 평소에 요리하기를 좋아한다. 그렇지만 요리는 부엌칼도 써야 하고 가스불도 써야 하기 때문에 위험한 요소가 너무 많아 예전에는 절대로 하지 못하게 했었다. 선우가 주방에서 요리를 하고 나면 바닥에 떨어진 온갖 양념들과 설거짓거리 등 뒷처리 할 것들이 더 많아져 번거롭기 때문이기도 하다. 그러나 하브루타를 공부하면서 '아이가 하고 싶은 일이 있을 때 할 수 있게 해주자'는 교육관이 생겼고 선우에게 요리하는 걸 허락했다.

처음 선우가 요리를 시작했을 때 일이다. 계란 프라이를 하다가 기름이 손에 튀었다. 나는 그 사실을 몰랐고, 그런 경험이 없던 선우는 그냥 기름을 쓱 닦고 말았던 것이다. 나는 기름 튀었던 자리가 부풀고 물집이 잡힌 뒤에야 그 사실을 알게 되었다. 결국 선우는 물집이 터지고 상처가 덧나서 한동안 고생을 했다. 그 일이 있고 난 후부터 선우는 기름이 손에 튀면 알아서 찬물에 손을 담그고 얼음을 가지고 '화기'를 뺀다. 스스로 문제를 겪으면서 그 정도는 알아서 해결할 줄 아는 아이가 된 것이다.

유대인들은 아이가 유치원 정도의 나이가 되면 '공구'를 선물로 준다고 한다. 우리는 위험한 공구를 어린아이에게 선물하는 것이 이해가 되지 않지만, 그런 위험한 물건을 다루면서 적당히 긴장하고 다치지 않으려고 노력하는 과정에서 두뇌를 더 많이 사용하게 되는 것이다. 또 그런 과정을 거치면서 자연스럽게 문제해결력도 생긴다.

위험한 상황에 부딪히는 게 마냥 나쁜 건 아니다. 적당한 수준이라면 장점도 있다. 인간은 본능적으로 문제를 해결하기 위해 노력하기 때문이다. 그런 측면에서 어릴 때 다치는 경험도 중요하다. 아이가 돌부리에 걸려 넘어져 무릎이 까지기라도 하면 대부분의 부모는 바로 달려가서 아이가 괜찮은지 호들갑을 떨고 아이 마음을 달래주기 위해 돌부리가 나쁘다며 돌부리에 대고 '때찌! 때찌!' 하며 혼낸다. 아이의 마음을 다독여 주기 위해서이지만 그렇게 하는 것은 아이에게 큰 도움이 되지 않는다. 혹시라도 아이가 다친 상황이라면 당연히 부모의 마음도 아플 것이다. 그러나 아이의 성장을 생각한다면 이런 좋지 않은 상황도 코칭의 기회라고 생각을 전환해보는 것이 좋다.

아이가 넘어졌을 때 바로 달려가는 것보다는 잠시 혼자 일어날 수 있는 시간을 준 다음 사랑을 담아 아이에게 이야기해보자.

"다쳐서 많이 아프지? 엄마도 네가 다쳐서 너무 속상하단다. 그런데 살아 있는 생명체는 모두 치유능력이 있어. 조금 기다리면 다 나을 거야. 걱정하지 마."

아이들은 이런 엄마의 말을 들으며 마음의 안정을 찾고 또 지금 당장은 상처가 나서 많이 아프지만 언젠가는 나을 것이라고 기대한다. 그리고 실제로 상처가 다 낫는 경험을 하면서 인내와 참을성 그리고 궁극적으로 회복탄력성이 생기는 것이다. 회복탄력성은 좌절의 순간에도 '지금은 힘이 들지만 언젠가는 좋아질 것'이라는 믿음으로 그 고통과 좌절을 극복해내고 다시 살아가는 힘이다.

몇 년 전 모 일간지에 실렸던 기사 중에 '매일 1등만 하던 아이가 전교 2등으로 떨어졌다고 좌절을 해서 자살을 했다'는 내용이 있었다. 객관적으로 볼 때 2등은 누구나 부러워할 만한 등수이다. 그런데 그 학생은 왜 그런 선택을 한 것일까? 그것은 회복탄력성과 관련이 있다.

회복탄력성이 없는 아이가 실패와 맞닥뜨리면 그것을 극복할 수 없는 것이다. 이 학생은 작은 실패들을 많이 경험하지 못했기 때문에 그렇게 큰일이 아닌데도 자살을 선택할 정도로 그 상황을 이겨낼 힘이 없었던 것이다. 우리 아이들도 인생을 살다 보면 실패와 좌절을 겪을 일이 분명히 있다. 목표로 하는 학교진학에 실패할 수도 있고, 회사 입사시험에서 떨어질 수도 있다. 또는 사업을 하다가 망할 수도 있다. 그럴 때 필요한 것이 바로 절망하지 않고 다시 일어서서 도전하는 회복탄력성이다.

회복탄력성이 큰 사람은 '지금은 죽을 만큼 힘이 들지만 최선을 다해 노력하면 언젠가는 상황이 좋아질 것'이라는 믿음과 인내심을 갖고 결국 어려움을 극복해낼 수 있다. 언젠가는 홀로서기를 해야 할 아이에게 꼭 가르쳐야 할 것 중 하나라고 생각한다.

선우는 오늘도 집에서 신나게 요리를 한다. 요리를 하며 다치기도 하지만 많은 경험을 하며 성장할 것이다.

"엄마, 내일 아빠 생일 미역국은 제가 끓일게요."
"좋아. 선우가 아빠가 미역국 끓여드리렴. 아빠가 너무 행복해서 하늘로 날아갈 수도 있겠는걸."

"하하하하!"

선우는 정말 아빠 미역국을 직접 끓여드렸다. 아빠는 아들이 끓인 미역국을 먹고 밖에서 얼마나 자랑을 했을까?

선우와 나눈 하브루타 브레인스토밍

① 미역을 왜 미리 물에 불릴까?

② 고기 대신 다른 걸 넣어도 되나?

③ 생일엔 왜 미역국을 먹을까?

④ 미역국 요리에 필요한 재료는 무엇일까?

⑤ 과연 맛이 있을까?

⑥ 아빠가 정말 좋아하실까?

⑦ 만일 아빠가 맛없다고 하시면 내 기분은 어떨까?

⑧ 요리사들은 매일 요리를 하면 얼마나 힘들까?

⑨ 요리하다가 일어날 수 있는 위험한 상황은 어떤 것일까?

⑩ 위험한 상황이 오면 어떻게 대처할까?

회복탄력성을 키우기 위한 하브루타 팁

① 아이들은 뛰어놀다가 넘어지거나 다치는 경우가 아주 흔해요. 이럴 때 바로 달려가서 "엄마가 조심하랬지!"라고 말하기보다는 잠깐 말을 아끼고 아이를 관찰하세요.

② 아이가 울더라도 스스로 일어날 수 있는 기회를 주세요.

③ 아이 상처를 치료하며 "선우가 다쳐서 많이 아프겠네. 엄마도 많이 속상해. 하지만 상처는 언젠가는 아물게 되어 있단다. 살아 있는 생명체는 자연치유능력이 있거든."이라고 말해주세요. 상처란 언젠가는 나을 수밖에 없다는 긍정의 미래 메시지를 주세요.

④ 상처가 치유되는 과정을 중간중간 체크하며 아이에게 확인시켜주세요.

⑤ 다 나았을 때 다시 메시지를 주세요. "엄마 말처럼 상처가 다 나았지?" 이런 사소한 상황에서부터 큰 상황까지 긍정적인 미래 메시지를 전달해주세요.

이런 메시지가 반복되면 아이는 높은 회복탄력성을 가진 긍정적인 마인드의 소유자가 될 것입니다.

췌장암 진단키트를 만든 15세 소년, 잭 안드라카

췌장암이 공포의 암으로 부상하고 있다는 일간지 기사를 본 적이 있다. 췌장암이 다른 암들보다 사망률이 높기 때문이다. 췌장암은 85% 정도가 말기에 발견된다고 한다. 말기 췌장암 생존율은 2%에 불과하다. 췌장암의 생존율을 높이기 위해서는 조기 발견해야 했다. 그러나 문제는 췌장암을 조기 발견하는 방법이 없다는 것이었다.

그러나 어느 날 TED 강연에 췌장암을 조기발견할 수 있는 키트를 발명했다는 15살 소년이 등장했다. 바로 잭 안드라카다. 잭 안드라카는 13살 때 가족처럼 지내던 삼촌이 췌장암으로 죽자 그 슬픔에 췌장암에 대해 연구를 시작했다. 모든 정보는 인터넷에 있었다. 위키피디아, 아마존 등에서 자료를 찾고 연구하기 시작했다. 본격적인 연구에 들어가자 연구실이 필요해졌다. 그는 연구실을 갖춘 수많은 기관과 대학에 도와달라는 메일을 보냈으나 모두 거절당했다. 그러나 잭은 포기하지 않았고 200여 차례의 거절 끝에 존스홉킨스대학의 한 교수로부터 연구 협조를 얻을 수 있었다. 연구실에서 잭 안드라카는 8,000개 이상의 단백

질을 연구했고 4,000번의 시도 끝에 췌장암 진단 키트를 만들 수 있게 되었다.

너무도 인상적인 TED 강연이었는데 잭이 한국에 온다는 소식을 듣고 강연을 직접 들어볼 기회를 가질 수 있었다. 잭과 잭의 형은 호기심 많은 소년이었다. 100만 볼트가 흐르는 전기 코일실험을 하다가 온 동네를 정전시킨 적도 있고, 대장균실험을 하다가 아버지가 감염되기도 했다. 다이너마이트의 주성분이 되는 재료를 인터넷으로 주문했다가 의심받아 부모님이 FBI로부터 조사를 받은 적도 있었다. 그러나 잭의 부모님은 공부하라는 말보다는 문제를 다양한 방법으로 해결할 수 있는 통찰력을 기를 수 있도록 기회를 주시는 분이었다.

아들이 호기심을 해결할 수 있도록 무엇이든 해볼 수 있는 기회를 주신 부모님이 있었기 때문에 잭은 그 어린 나이에 췌장암 진단키트를 발명할 수 있었다. 누가 시켜서 하는 일이었다면 잭이 그렇게 끝까지 연구실을 빌리기 위해 시도할 수 있었을까?

- 5 -

아플 땐 병원도 혼자 다녀와요

어느 금요일, 일을 하고 있는데 선우에게 전화가 왔다.

"엄마, 나 지금 배 아파서 학교 보건실에 누워 있어."

"어머, 많이 아파? 엄마가 지금 바로 갈 수는 없는데 어쩌면 좋지?"

"그럼 학교 앞 소아과에 엄마랑 저번에 가봤으니 혼자 가볼게. 그런데 나 돈이 없어."

"그럼 어떻게 할 건지 생각해보고 연락해줘."

사실 지난번 소아과에 갔을 때 아이가 혼자 오게 되는 경우는 어떻게 하면 되는지 간호사 선생님께 미리 물어봤었다. 당연히 급할 때는 진료비를 나중에 내도 된다고 했다. 그렇지만 돈이 없는 상황에서 어떻게 해결해나가는지 보고 싶어서 선우에게는 말해주지 않았다. 잠시 후에 전화벨이 울렸다.

"엄마, 나 병원에서 진료하고 약국에서 약도 탔어. 약값은 나중에 드리기로 했어. 약국에서 바로 약을 하나 먹었더니 배도 덜 아픈 것 같아."

의기양양하게 말하는 선우에게 칭찬을 해주었다.

"그랬구나. 돈이 없다고 말씀드리기 힘들었을 텐데, 용기를 냈네. 그럼 엄마가 집에 갈 때까지 잘 쉬고 있어."

유대인들에게는 '후츠파'라는 정신이 있다. 후츠파는 '당돌하다, 뻔뻔스럽다'는 뜻을 가지고 있다. 필요하다면 뻔뻔스러울 정도로 당당하게 나서고 도전하는 자세를 강조하는 것이다. 3,000년간 나라 없이 전 세계를 떠돌며 살아온 그들을 지탱해준 정신 중 하나이다. 선우도 살면서 때때로 이런 유대인들의 당당함이 필요하지 않을까? 그래서 나는 매 순간 선우에게도 당당하게 문제를 헤쳐나갈 수 있는 후츠파 정신을 알려줄 수 있는 기회를 만들기 위해 노력하고 있다.

병원에 다녀와서 쓴 선우의 일기

처음으로 혼자 병원에 다녀왔다. 처음이라 무섭고 떨려서 그냥 '가지 말고 집에 엄마나 아빠가 오면 같이 갈까?'라는 생각도 했다. 그러기엔 언젠간 해볼 일이기에 미리 해보는 것도 나쁘지 않을 거라고 생각하며 두려움을 잊었다.

막상 병원 문 앞에 갔을 땐 다시 고민하게 되었다. 그런데 아픈 몸을 이끌고 병원까지 왔는데 돌아갈 순 없었다. 너무 힘들게 와서 그냥 눈 딱 감고 들어갔다. 들어가서 접수를 했다. 너무 떨렸다. 엄마가 예전에 생일과 이름을 말하던 걸 봤다. 그래서 이름과 생일을 말했다. 진료를 받고 처방전을 받고 진료비를 내려는데 돈을 안 가져왔다.

약값도 나중에 내기로 했다. 약국에서 약을 먹으니 좀 나아졌다. 막상 병원과 약국에 혼자 갔다 오니 약간 떨리긴 했지만 할 만했다. 해냈다는 성취감에 기분이 좋았다. 아프지도 않았다. 다음에도 또 할 수 있을 것 같다. 좀 먼 병원도 다녀올 수 있을 것 같다. 다음 날 아빠와 약값도 내고 진료비도 냈다. 다행히 별일 없이 병원도 다녀오고 돈도 냈다.

후츠파 정신을 키우기 위한 하브루타 팁

부모님이 옆에 있으면 아이는 부모님에게 의지할 수밖에 없어요. 후츠파 정신, 도전정신을 키우려면 아이가 혼자 있을 수밖에 없는 환경을 만들어야만 합니다.

예를 들어 감기에 걸린 아이에게 엄마가 함께 병원에 가주고 싶지만 그렇게 할 수 없는 상황을 만드세요. 급한 일이 생겨서 외출을 해야 하는 상황을 만들고 혼자서 진료를 잘 보고 나면 칭찬과 함께 아이가 좋아할 만한 것을 보상으로 주세요.

① 미리 생길 수 있는 상황들을 하브루타를 통해 질문하세요. 상황 예측이 가능해지므로 두려움이 없어질 수 있답니다.
② 간호사 선생님과 미리 통화를 해서 양해를 구하고 칭찬을 부탁해놓으세요. 아이가 훨씬 자신감을 가질 수 있고 후츠파 정신을 키울 수 있습니다.
③ "어려웠을 텐데 잘 해냈다."라고 아이의 마음을 읽고 칭찬해주세요. 그리고 엄마의 마음이 담긴 적절한 보상을 해준다면 아이의 성취감이 더 커질 것입니다.

주도적인 삶을 살게 하는 원천의 힘 - 유대인 성인식

우리나라에는 만 19세가 되면 성인됨을 축하는 성년의 날이 있다. 의미 있는 날이지만 실상은 친구들과 꽃다발과 선물을 주고받는 그들만의 축제에 그친다. 그러나 유대인은 만 13세에 성인식을 한다. 성인식은 정신적인 독립과 종교적인 독립을 의미하기에 결혼식만큼이나 중요한 날이다. 성인식 전까지는 부모님을 통해야만 신을 만날 수 있었다면 이제는 신을 독대할 수 있는 권한을 갖게 된다. 회당에도 부모님의 동행 없이도 갈 수 있게 되는 것이다.

성인식을 맞이하는 유대인 청소년들은 1년 동안의 준비 기간을 갖는다. 토라와 탈무드를 공부하며 앞으로의 인생을 어떤 핵심 가치를 가지고 살아갈지, 신에게 부끄럽지 않고 당당한 삶을 살기 위해 어떤 삶을 계획하는지를 1년 동안 끊임없이 고민하고 생각한 후 성인식에서 토라의 한 부분을 회중 앞에서 읽고 유대인 율법 중 한 가지를 정해 강론하게 된다. 자신의 인생에 대해 진지하게 생각해보는 시간을 갖게 하여 사춘기로 들어서는 질풍노도의 시기에 있는 유대인 청소년들을 더욱

성숙하고 신중하게 만드는 데 큰 역할을 한다.

성인식에는 보통 3가지 선물을 받는다. 신에게 부끄럽지 않은 책임 있는 인간으로 살겠다는 의미로 유대인이 믿는 구약성경인 '토라'를 받으며, 신과의 약속을 잘 지키고 시간을 소중히 쓰겠다는 의미로 '시계'를 받는다. 그리고 축하의 의미로 '축의금'을 받게 되는데, 일가 친척들이 유산을 물려준다는 생각으로 많은 금액을 준다고 한다. 가정마다 차이는 있으나 받는 축의금의 액수가 우리 돈으로 평균 5,000~6,000만 원 정도인데 그 돈은 아이들의 통장에 그대로 넣어준다. 예금한 돈은 어른들의 조언을 받아 다양한 방법으로 투자하게 되고, 이 돈은 아이들이 사회에 나가는 25세경에는 2배 이상 크게 불어나 경제적 독립의 종잣돈이 된다고 한다.

13세부터 큰돈을 직접 운용해보고 관리하는 경험을 갖는 유대인 청소년들, 어느 날 갑자기 이런 큰돈을 관리할 수 있는 능력이 생기는 것은 아닐 것이다. 유대인 부모들은 아이가 어릴 때부터 집안일을 하며 용돈을 벌고, 자선을 행하는 등 경제에 관한 기회들을 꾸준히 부여하고 경제교육을 한다. 유대인들의 세계적인 경제 파워는 어려서부터 부모가 꾸준히 기회를 마련해주는 교육의 결과인 것이다.

THE
7 SECRETS
OF FUTURE
LEADER

두 번째 비밀

끊임없이 도전하며 탐구하는 창의성 하브루타

- CHECK POINT -

창의성이 왜 필요할까?

교육을 이야기하는 사람들은 미래 교육에서 '창의력 교육'이 반드시 필요하다고 한 목소리로 외치고 있다. 학교는 우수한 인재를 양성하기 위해, 기업과 산업현장은 치열한 경쟁에서 살아남기 위해 창의성을 외친다. 그러나 우리의 교육 현실은 어떠한가? 창의력의 필요성을 목 놓아 외치면서 정작 창의력을 죽이는 교육을 하고 있다.

"모든 어린이는 예술가로 태어난다. 하지만 자라면서 그 예술성을 유지시키는 것이 문제다."

– 피카소

우리나라의 학교 교육은 여전히 암기 위주의 입시와 정답만을 찾는 교육으로 일관한다. 특히, 자연과 세상의 원리를 담고 있는 과학이나 수학 과목마저도 자신만의 방식으로 접근하고 이해하도록 돕는 것이 아니라 남들보다 빠르게 정해진 답을 찾는 방법, 같은 시간 안에 실수 없이 더 많은 문제를 푸는 방법을 알려줄 뿐이다. 그리고 알려준 대로 잘하는 학생이 좋은 성적을 받고 인정도 받는 평가 시스템이다. 그러다 보니 학생들은 교육을 받을수록 실수나 실패를 두려워하고, 낯설고 새로운 도전을 기피하게 된다. 자연스럽게 아이들의 창의성은 죽어가는 것이다.

"한국 학생들은 미래에 필요하지 않은 지식과 존재하지 않을 직업을 위해 매일 15시간씩이나 낭비하고 있다."

– 앨빈 토플러

우리는 TV나 각종 매체를 통해 미래에는 현존하는 직업 중 50%가 사라질 것이고 그 자리를 인공지능이 대체할 것이라는 보도를 수도 없이 듣고 있다. 더 이상 암기 위주로 만들어진 인재가 설 자리는 없다. 창의성이 점점 더 중요해지는 이유도 바로 여기에 있다.

그렇다면 어떻게 창의성을 기를 수 있을까? 전 세계 인구의 0.2%밖에 되지 않는 유대 민족이 전 세계를 주도하고 있으며 창의력과 상상력이 핵심인 할리우드 문화를 만들었다는 것은 잘 알려는 사실이다.

유대인들이 이토록 창의성이 좋은 이유는 무엇일까? 그것은 바로 창의성의 핵심인 호기심을 자극하는 교육이 어릴 때부터 이루어지기 때문이다.

우리 교육과는 반대로, 유대인 교육은 정답을 알려주지 않는다. 질문을 통해 호기심을 자극하며, 스스로 경험하며 실패를 통해 배우며 생각할 수 있는 시간을 충분히 준다. 그 과정에서 아이는 정답이 아닌 최선의 해답을 스스로 찾아 나간다.

결국 창의성을 높이려면 어릴 때부터 아이의 호기심을 자극시켜야 한다. 아이가 호기심을 갖게 되는 것이 생기면 그것에 대해 충분히 탐구하게 되고 새로운 경험을 할 수 있는 기회도 늘어날 것이다.

-1-

시골 할머니 집 앞으로 물길 내기

선우 외할머니 댁은 시골에 있다. 선우가 어릴 때는 2주에 한 번은 할머니 댁에 가서 놀곤 했다. 그만큼 추억도 많은 곳이다.

봄, 여름, 가을, 겨울 사계절 내내 산으로, 들로 뛰어 놀면서 자랐다. '찔레'도 꺾어 먹어보고 집주변으로 가득한 딸기도 맘껏 따 먹었다. 여름이면 밖에서 실컷 놀다가 출출해지면 마당에 있는 나무에서 오디나 토마토를 따 먹으면 됐다. 가을이 되면 밭에서 키운 배추와 무를 뽑아 이모 삼촌들과 함께 김장을 했다. 선우는 늘 재미있어 했고 김장을 할 때도 고사리 같은 손으로 김칫소를 넣으며 한몫 거들었다.

선우가 학교에 입학하고 친구들과 노는 시간이 많아지면서 어릴 때처럼 시골 할머니 집에 자주 가지는 못 하지만 시간이 될 때마다 찾는다.

선우가 4학년 여름방학 때였다. 할머니 댁은 상수도가 아닌 지하수를 사용한다. 그런데 선우가 물길을 낸다며 수도를 틀어놓고 괭이로 땅을 파고 있었다. 온몸은 땀투성이가 되었고 밥 먹을 시간이 되었는데도 땅 파기에 집중했다. 그 모습을 보며 나는 왠지 미소가 지어졌다.

만일 내가 하브루타를 만나지 못했다면 그런 상황을 보고 '쓸데없는 짓 하지 말라'고 잔소리를 했을 것이다. 물론 그런 모습이 어른의 관점에서는 정말 쓸데없는 짓처럼 보일 수도 있지만 다른 관점으로 본다면 아이가 무언가에 몰입하는 아름다운 상황이기도 했다.

엄마의 마음가짐에 따라 아이의 행동은 이렇게 다르게 해석된다. 아이의 몰입 경험은 부모가 억지로 만들어주지 못한다. 그만큼 소중한 상황이었다.

누군가가 선우에게 물길을 내라고 지시했다면 아마도 선우는 배고픔도 잊으면서 몰입하지는 못했을 것이다. 사람은 스스로 원하는 것이어야 몰입할 수 있다. 자신이 하고 싶은 일이어야 열심히 하게 된다. 아이가 하고 싶어 하는 순간에 하고 싶은 일을 하게 해주어야 하는 이유이다.

몰입의 순간이 얼마나 중요한지를 몰랐다면 귀중한 이 시간을 잔소리로 날려버릴 뻔했다. 선우의 물길내기 프로젝트는 지하수가 거의 다 끊어질 때가 되어서야 마감이 되었다.

몰입 기회를 주는 하브루타 팁

아이가 뭔가 관심을 갖고 집중할 때 엄마들이 하는 실수가 있어요.

"할 거면 제대로 해라."
"이렇게 하면 더 좋겠다."

자꾸 훈수를 두게 되는데요. 이건 정말 엄마들의 '욕심'입니다. "간식 먹고 해라, 쉬었다가 해라."라며 자꾸 쓸데없이 끼어드는 것도 마찬가지입니다. 그렇게 되면 아이는 몰입으로 들어가기가 어려워요. 몰입할 때는 어떤 방해도 받지 않아야 합니다.
위험한 상황이 아니라면 아이가 하는 대로 그냥 지켜봐주세요. 몰입이 끝나면 스스로 그다음 일을 결정하게 되니까요. 그저 잘하고 있다는 격려와 따뜻한 눈빛만 보내주면 됩니다.

-2-

야구가 너무 좋아!

공이 위로 슉~ 올라갔다가 힘없이 떨어져 버린다. 짧은 포물선을 그리고 떨어지는 공. 우리 선우가 던진 공이다.

선우는 야구팀의 많은 남자아이 틈에서 유독 눈에 띄었다. 공을 못 던져도 저렇게 못 던질 수가 있을까? 선우는 정말 운동신경이 발달하지 않았다. 엄마 입장에서 참 안타까웠다.

그러나 선우는 야구를 너무 좋아한다. 그래서 일주일에 한 번 일요일 오후 한강 망원어린이야구장 야구클럽에서 야구를 한다. 혹시 운동을 하다가 다치게 되어 발에 깁스를 하면 다친 것이 문제가 아니라 야구를 가지 못하는 것이 걱정일 정도로 야구를 좋아하는 아이다. 비가 내리면 야구 수업을 못하기 때문에 비를 싫어 한다. 어느 여름날 아침에는 일어나자마자 그 긴 양말을 미리 신고 야구 수업이 시작되는 오후 5시까지 보낸 적도 있다. 발에 땀이 많이 나서 긴 야구 양말을 신기 어렵다는 것이다.

선우는 매일 저녁 7시만 되면 아빠를 기다린다. 아빠와 함께 야구를 하기 위해서이다. 물론 야구 때문에 다친 적도 많다. 매일 야구를 하니 팔꿈치 인대가 늘어나 팔에 깁스했던 일, 발을 삐끗해서 발목에 깁스했던 일, 손가락 다친 일 등 수없이 많다. 특히 여름엔 매일 모기에 뜯기는 건 이루 말할 수 없을 정도였다. 게다가 모기 알레르기가 있어서 한 번 물리면 어른 주먹만 하게 부어올라 무서울 정도인데도, 그렇게 열심히 야구를 하기 위해 저녁마다 나간다.

선우는 조금씩 야구 실력이 늘어가는 자신을 보면서 점점 더 몰입 상황으로 빠진다. 정형외과 선생님이 팔 인대 때문에 올해만 세 번째 깁스를 해주시면서 하신 말씀이 있다.

"야구 투수도 매일 공을 던지지는 않으니 팔에 휴식을 주면서 운동을 하는 게 좋겠다!"

그 정도로 선우의 야구사랑은 극진하다. 하지만 그렇게 야구에 몰입해 보는 경험이 얼마나 중요한지를 알기 때문에 나는 야구를 하지 말고 공부나 하라고 다그치지 않는다. 이렇게 무언가에 깊이 몰입해본 아이는 나중에 다른 무엇을 하더라도 몰입할 가능성이 높다는 걸 잘 알기 때문이다.

인간은 즐거운 것을 하면 '도파민'이라는 신경전달 물질이 분비된다. 도파민은 우리가 알고 있는 중독과 관련된 신경전달 물질이기도 하다. 즐거우니 도파민이 분비되는 것이고, 도파민이 분비되니 지금 하는 일이 더 즐거워지는 것이다. 그것이 바로 긍정적인 '중독'이고 긍정적인 중독이 '몰입'인 셈이다. 이런 몰입의 경험을 통해 두뇌에는 도파민의 통로가 안정적으로 확보된다.

그렇게 안정적인 도파민의 통로가 확보되면 아이는 자라서도 하고 싶은 목표나 공부가 생겼을 때 충분한 몰입으로 성과를 낼 가능성이 높아진다. 도파민이 안정적으로 분비되면서 무엇이든 깊은 몰입이 가능해지는 것이다. 그러니 어릴 때 무엇인가에 깊게, 끝까지 몰입을 경험하는 것은 아주 중요하다.

그러나 안타깝게도 어린 나이에 몰입의 경험을 갖기는 매우 힘들다.

왜냐하면 몰입은 본인이 하고 싶은 일을 할 때만 가능한 것이기 때문이다. 물론 정말 하고 싶은 공부를 한다면 공부몰입이 아예 불가능한 것은 아니다. 하지만 공부가 너무 좋아서 하는 아이는 많지 않은 것이 사실이기도 하다.

아이가 어린 시절 몰입의 경험을 갖는 것은 부모에게 많이 좌우된다. 아이가 무엇인가에 관심을 보이고 그 분야에 푹 빠져 있다면 그 분야에 시간을 충분히 주어야 한다. 몰입은 그만큼 시간을 필요로 한다.

학원이나 숙제 때문에 몰입의 경험을 주지 못한다면 훗날 정말 하고 싶은 공부나 일이 있어도 깊은 몰입으로 들어가지 못하게 되고, 아무리 열심히 해도 몰입의 상태로 갈 수 없으면 결국 좋은 결과를 만드는 것도 어렵게 된다.

운동신경이 없는 선우는 많은 시간과 노력을 투자해서 이제 가끔 투수도 할 수 있는 실력이 됐다. 코치님은 선우 공을 받을 때 공이 너무 빨라져서 깜짝깜짝 놀란다고 말씀해주신다. 나는 선우가 야구에 빠져 사는 것을 적극 지지해준다. 선우가 야구에 몰입할 수 있도록 시간과 마음의 여유를 주었다. 나는 그것을 신의 한수라고 확신하고 있다.

야구에 대해서 쓴 선우의 일기

야구를 시작한 건 내 인생에서 잘 선택한 일 탑3에 든다. 내가 처음에 야구를 한 것은 초등학교에 야구 교실이 만들어지고 나서다. 친구가 다녀서 재밌어 보였다.

처음에는 5,000원짜리 글러브를 샀다. 친구들이 모두 다 잘해서 나도 열심히 했다. 처음 안타를 쳤을 때 어찌나 기뻐던지 아직도 그 때 기억이 생생하다. 그리고 처음 수비에서 상대를 아웃시켰을 때도 정말 기뻤다. 생각해보면 나는 처음에 야구를 정말 못했다. 그러다 어느 날부터는 TV를 보며 연습을 시작했고 점점 타격폼이 좋아지는 것을 알아냈다. 그렇게 연습을 하던 어느 날 2루타를 쳤다. 야구 실력이 정말 많이 늘었다. 코치님은 내 변화구에 깜짝 놀라신다. 커브, 직구, 슬라이더 등이 내가 주로 던지는 구종이다. 내 야구 실력은 처음엔 시속 40km도 못 던졌는데 이제 90km도 나온다. 이제 안타는 껌이다.

아빠와 캐치볼을 너무 자주 해서 인대에 무리가 와 팔꿈치, 발목 등에 깁스를 세 번이나 했다. 아빠는 거의 매일 나와 캐치볼을 했다. 난 야구가 좋다! 아빠도 너무 좋다!

몰입의 경험을 주기 위한 하브루타 팁

① 아이가 곤충놀이, 블록놀이, 그림책 읽기나 그림 그리기 등에 빠져 있을 때 아이에게 집중할 수 있는 시간을 충분히 줘야 해요.

② 그렇게 집중해서 무언가를 할 때는 아이가 말을 걸지 않는 한 말을 먼저 걸지 않는 것이 좋아요.

③ 밥 먹을 시간이 되었더라도 밥 때문에 집중하는 것에서 관심을 떼게 하지 마세요. 배가 고픈 상태에서는 더 몰입도 잘 일어나고 동물적인 본능인 배고픔을 이기고 무엇인가에 집중해보는 것이 더 중요할 수 있습니다.

④ 며칠간 반복해서 관심을 보이고 집중하는 분야가 있다면 그 분야와 관련된 도서 등을 비치해주세요.

읽으라고 강요는 하지 말아야 합니다. 아이가 관심이 있다면 그 분야에서 점점 그 폭을 확대해 나가고 싶은 욕구가 저절로 생기고 스스로 선택해서 읽는 책과 놀이에서 몰입으로 갈 수 있는 확률을 높일 수 있습니다.

- 3 -

아빠처럼 면도해볼래요

2017년 여름 어느 날 저녁. 선우가 자기 전에 양치를 하러 화장실에 들어갔는데 한참이 지나도 나오지를 않았다. 살짝 들여다보니 아빠처럼 면도를 하겠다며 거품을 얼굴에 바르고 면도를 하고 있는 것이 아닌가? 아들이라 그런지 아빠가 하는 면도에 대한 동경이 있었나 보다.

웃음이 터져 나오려고 하는 것을 꾹 참았다. 한편으로는 면도날에 얼굴이 다치지는 않을지 걱정도 됐지만 그냥 지켜봤다. 혹시 상처가 조금 나더라도 거기서 또 배우는 것이 있을 것이라 생각했기 때문이다. 한참 후에 면도를 다 했다며 나왔는데 얼굴에 상처가 꽤 크게 나 있었다. 얼굴이라 더 걱정됐지만 내색하지는 않고 담담하게 치료해주면서 면도할 때 기분이 어땠는지 하브루타를 했다.

"아빠 면도기로 면도할 때 기분이 어때?"

"어른이 된 것 같고 좋았어. 그런데 거품 냄새가 너무 지독해서 머리가 어질하기도 했고, 이렇게 다치기도 해서 이젠 별로 하고 싶지 않아!"

만일 처음부터 하지 못하게 말렸다면 엄마 몰래 기회를 봐서 또 할 수도 있었을 것이다. 그러나 정말 위험한 것이 아니라면 아이의 선택을 존중해주고 믿어주는 엄마의 태도가 필요하다고 생각한다.

만약 부모가 아이가 해보고 싶은 것을 사사건건 하지 못하게 막는다면 아이들은 엄마 몰래 숨어서 하게 되고 엄마를 속였다는 생각에 죄책감에 빠지게 될 수도 있다. 결국 아이는 부모와의 벽을 더 높게 쌓을 수밖에 없게 된다. 부모는 모든 것을 다 결정하고 판단해주는 완벽한 존재가 아니다. 그보다 아이 스스로 부딪치고 느끼고 깨달을 수 있는 기회를 주는 그림자와 같은 존재여야 한다.

특히 아빠의 역할도 중요하다. 아이가 아빠와 시간을 많이 가질 수 있도록 지원해야 한다. 선우도 고학년이 되니 자연스럽게 아빠와 자전거를 타고 야구를 하며 보내는 시간이 많아졌다. 그러나 사춘기가 본격적으로

오기 전에 아빠와 시간을 보내는 것은 엄마와 시간을 보내는 것과 또 다른 의미를 가질 것이다.

둘만의 캠핑이나 둘만의 미술관 관람, 스포츠경기 관람도 좋다. 이런 상황을 괜히 불안해하는 엄마들이 있다. 엄마가 없으면 아이를 제대로 돌보지 않아 다치게 할 것 같고 불량식품이나 많이 사 먹일 것 같다는 생각 때문이다. 그러나 그런 경험도 아이에겐 소중한 추억이 될 것이다. 아빠와 아이만의 추억을 많이 만들어주는 엄마가 정말 현명한 엄마이다.

"나는 어릴 때 아빠랑 제주도 가서 10시간 동안 물놀이 했는데."

"난 초등학교 1학년 때 아빠랑 둘이 캠핑 갔다가 다쳐서 엄마한테 완전 혼났는데."

아이가 어른이 되면 추억으로 부모를 기억한다. 힘들고 지칠 때 어린 시절 추억이 위로와 힘이 되어주는 경우가 많지 않던가? 아이와 아빠에게 이런 좋은 경험을 만들어주어야 한다. 여기에는 엄마의 지원과 응원이 반드시 필요하다.

유대인은 '밖에 있는 100명의 스승보다 1명의 아버지 스승이 낫다'고 이야기한다. 그만큼 아버지의 자리를 중요하게 여기는 것이다. 가족을 위해 일하는 아버지의 자리를 만들어주는 것은 엄마가 꼭 해야 하는 역할이다.

"엄마, 아직도 면도 거품 냄새가 나는 것 같아! 우웩."

그날 자기 전에 나는 선우와 하부르타를 했다. 베갯머리 하브루타 시간은 우리가 '소통의 창문'을 여는 소중한 순간이다, '더 어릴 때부터 베갯머리 하브루타를 시작했더라면 얼마나 좋았을까?' 하는 아쉬움이 든다. 하지만 지금도 늦지 않았다는 생각으로 지금도 선우와 하브루타를 즐겁게 이어나가고 있다.

아빠와 좋은 관계에 도움을 주는 하브루타 팁

① 아빠와 단 둘만의 시간을 만들어주세요.
② 둘만의 시간이 맘에 들지 않는 부분이 있더라도 엄마는 최대한 간섭하지 않는 것이 중요합니다. 잔소리는 아이나 어른이나 모두 듣기 싫답니다.
③ 둘만의 시간을 보내고 온 아이와 아빠를 많이 칭찬해주세요. 칭찬은 고래도 춤추게 하니까요.

스티븐 스필버그의 창의성

영화 〈ET〉, 〈백투더퓨처〉, 〈쉰들러리스트〉, 〈쥬라기공원〉 등으로 잘 알려진 스티븐 스필버그 감독은 어릴 때부터 호기심이 아주 많았다고 한다. 유대인인 아버지가 트랜지스터를 보여주자 그것을 바로 삼켜버려서 그 이유를 물었더니 "그냥 궁금해서요." 하고 대답했다고 한다.

스티븐 스필버그의 아버지는 공상과학소설과 천문학을 좋아했는데, 스티븐 스필버그도 그 영향을 받아 자신이 직접 만든 망원경으로 몇 시간씩 하늘을 관측하곤 했다. 이러한 관심이 그의 첫 번째 장편 영화 〈불빛〉을 만들게 했다. 16살에는 밤하늘의 신비로운 빛을 연구하는 과학자의 이야기로 8mm 영화를 만들었고 동네극장에서 상영해 하루 만에 500달러를 벌기도 했다. 또 어느 날은 아버지가 그를 데리고 사막으로 가서 모포를 깔고 나란히 누워 별똥별 우주쇼를 한동안 보고 오기도 했다.

이런 어린 시절의 아버지와의 추억과 경험이 훗날 상상력으로 발휘되어 영화 〈ET〉가 탄생하였다고 한다. 유대인들은 창의력과 상상력으로 헐리우드 문화를 만들었다.

창의력은 뇌가 자유로워야 잘 발현된다. 그래서 나도 창업 교육을 할 때 창의적인 '아이디에이션'이 필요한 부분에서는 여건이 허락한다면 딱딱한 강의실이나 사무실보다 분위기 좋은 카페나 탁 트인 잔디밭으로 이동해서 진행하기도 한다.

우리의 두뇌는 경직되어 있으면 창의적으로 생각하기 어렵다. 공포에 질려 있다면 더욱 그렇다. 아이들이 엉뚱한 짓을 할 때 부모가 야단치고 혼낸다면 창의력은 더 이상 자라지 못한다. 비록 부모 마음에는 이해가 되지 않더라도, 그 엉뚱한 짓을 계속할 수 있는 여건을 만들어 줘야 한다. 그러한 경험이 쌓여 자신의 분야에서 새로운 방법으로 문제를 해결할 줄 하는 혁신적인 인재로 성장하게 될 가능성이 높아지는 것이다.

- 4 -

주방에 있는 가스레인지로 불꽃놀이에 불을 붙였어

4학년 여름방학 때의 일이었다. 기상관측 사상 최악의 폭염으로 에어컨은 한 달째 쉬지 못하고 밤낮으로 돌아갔다. 역시나 우리도 방학을 맞은 선우와 집에서 꼼짝없이 지내고 있었다.

선우는 그래도 심심하지 않게 책도 보고 게임도 하고 요리도 하고 즐겁게 시간을 보냈다. 나도 강의 준비와 스터디 준비로 눈코 뜰 새 없이 바쁜 여름이었다.

오후 3시 무렵. 나는 식탁에서 노트북으로 강의 교안 작업을 하고 있었는데 주방에서 가스레인지에 불을 켜는 소리가 났다. 선우는 요리도 하기 때문에 음식을 만드나 보다 생각했는데, 잠시 후에 매캐한 냄새가 코를 찔렀다.

이번 주말에 시골 할머니 댁에서 하려고 아빠가 준비해놨던 불꽃놀이에 선우가 가스레인지로 불을 붙인 것이다. 나는 너무도 놀랐다. 실내에서 불꽃놀이에 불을 붙인다는 것을 전혀 상상도 해보지 않았던 터라 더 놀랄 수밖에 없었다.

예전의 나의 모습이라면 "야! 제정신이야? 집안에서 불꽃놀이를 하는 사람이 어디 있어!" 하면서 고래고래 소리를 지르고 야단을 쳤을 것이다. 그리고 아이로부터 잘못했다는, 다시는 그러지 않겠다는 다짐을 받아내고야 말았을 것이다.

너무도 놀라고 당황스러운 순간이었으나 나는 선우에게 어떤 질문을 던져야 할지 순간 고민했다. 나는 급조한 질문을 던졌다.

"선우야, 사람들이 왜 불꽃놀이는 야외에서 하는 걸까?"

선우는 잠깐 생각을 하더니 "그냥 꺼야겠다."라고 말을 했다. 계속 하겠다고 우기지 않아서 다행이라는 생각이 들었다.

“선우야, 그럼 불을 붙인 것만 화장실에서 할까?”

선우는 그 말을 듣고 너무 좋아하며 화장실에 들어가 불꽃놀이를 즐겼다. 선우가 불꽃놀이를 모두 마쳤을 때 나는 다시 질문을 했다.

“엄마가 좀 전에 사람들이 야외에서 불꽃놀이는 하는지 질문했을 때 왜 불을 꺼야겠다고 생각한 거야?”
“아… 그건 에어컨을 틀어놔서 창문도 다 닫아놨는데 불꽃놀이를 하니까 냄새가 지독했어. 사람들이 왜 야외에서 하는지 알겠더라고. 그리고 불꽃이 막 튀니까 나도 좀 놀랐어. 소파에 불꽃이 튈까 봐 걱정도 되고.”

선우도 그 짧은 시간에 많은 것을 느끼고 생각을 했던 것이다. 만일 내가 고래고래 소리를 지르고 혼냈다면 아이 마음에 엄마에 대한 미움을 키우느라 이런 생각을 하지 않았을지도 모른다.

나는 급조한 질문이었으나 아이 스스로 생각할 수 있는 기회를 주었고 아이를 혼내지 않았으므로 아이와의 관계도 망치지 않을 수 있었다. 하브루타를 하지 않았다면 이 소중한 기회를 아이와 갈등이 생기는 계기로 만들었을 수도 있었겠구나. 그런 생각을 하니 또 한 번 아찔했다.

선우는 개구쟁이라 엉뚱한 행동을 많이 한다. 예전 같으면 엉뚱한 행동을 용납하지 않았다. 그렇지만 하브루타를 하면서 아이의 엉뚱한 말과 행동은 그만큼 창의력이 좋기 때문에 나오는 것이라고 긍정적으로 생각하게 되었다.

긍정적으로 생각하면 아이의 행동이 다르게 보인다. 엉뚱한 짓을 해도 그것을 고쳐줘야겠다는 생각보다는 창조적으로 보게 된다. 그러므로 '그 창조성을 어떻게 지켜줄까? 어떻게 키워줄까?'를 고민하게 된다.

얼마 전에 선우가 소파에 누워 머리를 바닥 쪽으로 떨어뜨리고 구운 고기를 먹겠다고 했다. 거꾸로 먹으면 기도로 음식이 넘어갈 수도 있고 얼굴에 음식을 흘릴 수도 있으므로 예전 같으면 절대 하지 못하게 했겠으나 지금은 해볼 수 있게 해준다. 젓가락으로 흘리지 않고 입에 넣기 위해 노력하는 모습과 기도로 넘어가지 않게 조심스럽게 조절하려고 노력하는 모습이 보였다.

한참을 그렇게 웃고 떠들며 거꾸로 음식을 먹고 나서 선우는 이렇게 말했다.

"국물 있는 음식이 아니어서 다행이었어."

자신도 호기심이 생기는 이 행동을 하기 위해 얼마나 많은 생각과 노력을 했을 것인가? 너무 어리지만 않다면 다소 엉뚱해 보이는 행동도 흔쾌히 허락해주자. 엄마도 속으로는 다른 아이와 내 아이를 비교하여 판단하듯이 아이도 속으로는 다른 엄마와 자신의 엄마를 비교한다.

'우리 엄마는 나를 다 이해해줘.'
'우리 엄마는 내 말을 다 들어줘.'

이런 생각을 하게 되면 아이는 다른 친구보다 자신은 더 좋은 엄마와 살고 있어서 행복하다고 느끼게 된다.

선우는 주말에 시골 할머니 댁에서 가서 100개쯤 되는 불꽃놀이를 맘껏 했다. 아이는 집안에서 불꽃놀이를 했던 기억을 평생 가지고 살아갈 것이다. 그리고 그럴 때 엄마가 혼내지 않고 화장실에서 할 수 있게 해줬던 것도 기억할 것이다.

엉뚱한 행동을 했을 때 필요한 하브루타 팁

아이가 엉뚱한 행동을 하면 엄마는 우선 화가 납니다. '다른 애들은 그렇지 않은데 우리 아이는 왜 저렇게 유별날까?' 하는 생각이 들기도 하지요. 그럴 때 내 아이가 더 창의적이기 때문이라고 마음가짐을 가져보세요. 다른 시선으로 아이를 보면 아이가 다르게 보입니다.

아이가 엉뚱한 짓을 할 때는 우선 아이를 잘 관찰해주세요. 잘 관찰하면서 그 엉뚱함을 계속 몰두할 수 있도록 말을 걸지 않아야 할 때가 있습니다. 꼭 그 행동을 하지 말아야 할 이유가 없다면 아이에게 하던 일에 몰입할 시간을 주세요. 아이의 행동이 위험하거나 절대 하지 말아야 하는 것이라는 판단이 들면 질문을 하세요.

"지금 하는 너의 행동에 대해 어떻게 생각해?"

아이의 말을 경청해주고 '엄마도 네가 하고 싶은 것을 하게 해주고 싶지만 그럴 수 없는 상황이 안타깝다'는 메시지를 주세요. 다음에 기회가 되면 다른 장소에서 또 다른 대안으로 놀자고 약속을 합니다. 기분을 풀어줄 때는 맛있는 것을 해주는 것이 최고입니다. 아이가 좋아하는 간식을 함께 먹으며 이야기를 전환할 수 있습니다.

-5-

올챙이 사는 물을 깨끗하게 정수해줄 거야

"와, 올챙이가 엄청 많아."

봄이면 늘 할머니 댁에서 하는 것이 있다. 바로 올챙이 잡기다. 이번에도 올챙이들이 많은 곳을 발견했다. 나도 그렇게 많은 올챙이는 처음 보는 것 같았다. 선우는 장화에 물이 들어오는 것도 모르고 올챙이를 잡기 시작했다. 많이 잡히니까 더 재미가 있는지 시간 가는 줄 모르고 잡았다.

그렇게 한동안 집중해서 잡긴 했는데, 그 잡은 올챙이를 모두 집에 가져갈 수는 없었다. 선우는 30마리쯤 가져오고 싶어 했다. 그러나 나는 데려가서 죽으면 오히려 좋지 않으니 2마리만 데려가자고 했다.

이럴 때 협상과 계약이 필요하다. 나는 아이가 어릴 때부터 협상과 계약을 맺는 법을 생활 속에서 가르쳐야 한다고 생각한다. 사소한 것부터 협상을 배우다 보면 큰 것에서도 협상을 할 줄 알게 될 테니까.

유대인은 계약을 아주 중요시 여기는 민족이다. 유대인을 '계약의 민족'이라고도 부르는 이유다. 그들은 신과도 계약 관계라고 생각한다. 신과의 계약을 잘 지키기 위해 토라와 탈무드를 그렇게 목숨을 걸고 공부하며 그들의 삶에서 지키려고 노력하는 것이다. 즉 유대인들은 한번 계약을 맺으면 무슨 일이 있어도 지키므로 그들이 그렇게 철저하게 확인하는 것은 어쩌면 당연한 것이다. 사소한 계약서 하나를 쓸 때에도 단어 하나하나를 따져가며 작성을 한다. 우리는 부동산 계약서를 쓰더라도 빽빽하게 적혀 있는 그 많은 글자를 읽지도 않고 '중개업소에서 알아서 해주겠지!' 하는 마음으로 서명을 한다.

지인 중 한 분은 유대인과 사업상 계약을 할 일이 있었는데, 단어 하나하나를 따져가며 작성하는 유대인들 때문에 질려버렸다는 이야기를 한 적이 있다. 그러나 유대인들은 그렇게 꼼꼼하게 계약을 하기 때문에 사소한 손해도 보지 않을 수 있는 것이다.

아이가 사사건건 따져 묻는다고 나무라지 말자. 아이가 협상을 시도할 때 부모가 야단치거나 대화를 거부하면 아이는 협상이 나쁜 것으로 인식

할 것이다. 작은 협상부터 아이에게 최대한 허용해주는 것이 좋다.

선우와 한참 협상한 끝에 우리는 올챙이 7마리만 서울로 가져오기로 합의했다. 우리는 휴가철이라 꽉꽉 밀리는 도로를 피해 밤늦게 집으로 돌아왔다. 선우는 그대로 잠이 들었고 아침이 되어 일어나자마자 올챙이가 들어 있는 통을 가져와 화장실로 들어갔다.

가만히 지켜보니 커피 내릴 때 쓰는 종이필터를 사용해 올챙이가 담겨 있는 누런 논물을 정수하고 있었다. 올챙이는 원래 논물에서 사는 것이 더 좋을 것이라고 말해주고 싶었지만 정수가 다 끝날 때까지 참았다. 거의 마무리가 다 되어 갈 무렵, 나는 선우에게 질문을 던졌다.

"선우야! 선우가 어느 날 갑자기 아프리카나 시베리아처럼 너무 낯선 환경에서 가서 살게 된다면 어떨까?"

질문을 듣던 선우는 한참을 멍하니 있더니 정수를 해서 깨끗해진 물과 더러운 논물 찌꺼기를 다시 섞기 시작했다. 선우에게 왜 다시 더러운 것을 섞는 것인지를 물었다.

"여기 올챙이들 먹이가 있는 것 같아. 그리고 갑자기 물이 바뀌면, 올챙이들이 적응을 못할 수도 있을 것 같아."

내가 하브루타를 하지 않았다면 이렇게 말했을 것이다.

"야, 거기 먹이도 들어 있는데 그걸 다 정수해버리면 올챙이들이 살 수 있겠어?"

하브루타를 하면서 나는 선우에게 질문을 던진다. 선우는 질문을 받으면 생각하고 대답하고 다르게 행동한다. 우리의 두뇌는 질문을 받으면 생각을 하게 되어 있다. 그렇게 엄마는 옆에서 살짝 질문으로 선우의 생각주머니를 건드려줬고 선우는 자신의 생각주머니를 키웠다.

문제 해결력을 높이는 하브루타 팁

엄마가 볼 때는 정답이 뻔히 보이는 상황이라도 답을 알려주지 말고 질문으로 던지세요. 질문은 우리의 두뇌를 생각하게 만듭니다. 아이가 실패를 경험하고 질문을 통해 다시 경험을 되짚어볼 때 그 실패는 더 이상 실패가 아닌 진정한 아이의 경험으로 남게 될 것입니다.

- 6 -

선풍기를 분해시켜볼래!

여름이 다가오는 어느 날, 여름 준비를 위해 온 가족이 나섰다. 발코니 물청소도 하고 선풍기도 꺼냈다. 그런데 선풍기 한 대의 고개가 푹 꺾여 있었다. 하는 수 없이 재활용에 내놓으려고 현관에 내놓았는데 선우가 그 선풍기에 관심을 보였다.

'만지작 만지작.'

"엄마 나 이거 분해해볼래."

"하고 싶으면 그렇게 하렴."

예전 같으면 집안에서 먼지도 날리고 위험하기도 하다며 절대 하지 못하게 했을 것이다. 선우는 얼른 공구를 가져왔다. 선우만의 공구가 있다. 아빠가 선우 몫으로 사주었다. 물론 아빠 공구와 섞여서 주인을 분간하기 어렵긴 하지만 공구도 선우 몫으로 이미 허용돼 있다.

선우는 전동 드릴로 날개 부분의 나사를 분해했다. 나사가 분해되고 날개와 연결된 모터가 모습을 드러냈다. 그리고 선우는 이내 버튼이 있는 몸체 부분의 분해에 들어갔다. 연결 부분의 나사들을 모두 빼고 나니 '미풍', '약풍', '강풍', '정지' 버튼과 연결된 전선이 나왔고 타이머 부분의 태엽도 있었다.

겉에서 볼 때는 막연하게 많은 것이 들어 있을 것이라고 생각했는데, 분해하고 나니 정말로 별게 없었다. 하지만 많은 나사를 분해했고 그중에서도 잘되지 않는 부분이 있어 시간은 벌써 두어 시간이나 훌쩍 흘렀다.

선풍기를 분해하는 동안 나는 선우와 함께 질문하고 대화하며 즐거운 시간을 가졌다. 나는 이제 선풍기를 보면 속이 다 훤히 보이는 느낌이 들었다.

'아, 이 버튼 아래에 전선이 지나가고 여긴 태엽이 있겠구나.'

직접 분해까지 해봤던 선우는 선풍기를 보면 어떤 생각이 들지 궁금했다. 선우의 대답은 다음과 같다.

"선풍기 정지 버튼을 누를 때마다 전선을 타고 신호가 전달되고, 타이머를 맞출 때마다 태엽이 돌아가는 것이 눈에 보이는 것 같아!"

아이가 호기심을 보일 때 안 되는 이유 100가지가 있더라도 그것들을 뛰어넘을 수 있는 이유 한 가지가 있다면 아이의 호기심을 지지해주는 것이 좋다고 생각한다.

미국의 과학 잡지 『파퓰러사이언스』가 선정한 젊은 천재 과학자, 세계 최초로 시각 장애인이 직접 운전할 수 있는 자동차 개발자, 로봇의 레오나르도 다빈치로 불리는 데니스 홍 박사는 어린 시절 무척 장난꾸러기였다고 한다.

누나와 함께 커피, 설탕, 밀가루, 소금 등을 다 꺼내어놓고 마법의 약을 만든다고 소동을 피운 적도 있었다. 하지만 데니스 홍 박사의 부모는 이런 호기심 많은 아들에게 공구도 사주고 무엇을 하든 절대 혼내지 않으셨고 오히려 긍정적으로 바라보며 방에 공작실까지 만들어주기도 했다.

"아버지께서 간과하신 사실 중 하나가 바로 제가 그 공구들로 얼마나 많은 물건을 부수는 사고를 벌일지 미처 예상하지 못했다는 점입니다. 저는 라디오, 청소기, 세탁기 등 손에 닿는 모든 것을 다 분해했습니다. 왜? 궁금한 걸 참지 못했기 때문입니다. 어떻게 작동하는 거지? 호기심과 궁금증이 생기면 기어이 가전제품들을 뜯고 내부를 면밀히 관찰해야 직성이 풀렸습니다. 망가뜨린 것을 고치기라도 하면 좋을 텐데, 저는 멀쩡한 것을 가져다가 뜯어놓고 망치기 일쑤였습니다. 그중엔 사온 지 사흘밖에 안 된 TV도 있었는데, 신기하게도 부모님은 저를 전혀 혼내지 않으셨죠."

– 데니스 홍 박사 인터뷰 중에서

부모는 어린 데니스 홍의 호기심을 인정하고 화학실험을 할 수 있도록 실험도구와 약품들도 사 주시며 호기심을 잃지 않도록 해주었다고 한다.

"한동안 로켓에 미쳤던 적이 있어요. 미국에서 하늘로 '슝' 하고 날아오르는 로켓 모형을 보고는 저도 저런 로켓을 만들어 하늘 높이 쏘아 올리고 싶었거든요. 이미 작용과 반작용에 대해 배웠고, 추진력으로 움직인다는 것도 인지했으니 출발은 순조로웠죠. 하지만 그 추진력을 낼 수 있는 원동력을 만드는 일이 어렵더라고요."

그는 이후 책을 찾아보고 곰곰이 연구를 한 결과 식초와 탄산수소나트륨을 섞으면 이산화탄소가 발생해 추진제로 쓸 수 있겠다는 결론에 이르렀다. 문제는 액체인 식초와 고체 가루인 탄산수소나트륨을 섞어 넣으면 화학반응을 피할 사이도 없이 로켓이 발사돼 시큼한 냄새의 식초를 그대로 뒤집어쓰게 된다는 거였다. 그래서 발사 단추를 누름과 동시에 발사되는 로켓을 만들고 싶다는 생각을 하게 됐다.

며칠 밤낮을 고민한 데니스홍은 마침내 해결책을 찾아냈다. 탄산수소나트륨 가루를 물에 개어 반죽해 말린 뒤 고체 형태의 태블릿처럼 만들고, 거기에 액체인 식초가 든 로켓을 거꾸로 장착하고 발사대의 끈을 연결시켜 멀리서도 잡아당기면 로켓이 세워지면서 식초가 발사대 받침으로 흘러들어가 화학반응을 일으키게 한다는 아이디어였다.

"새로운 아이디어의 성공은 그다음 단계에 도전할 수 있는 용기를 줬습니다. 이번에는 불을 뿜으며 하늘로 높이 날아가는 진짜 로켓이 만들고 싶어졌죠. 백과사전과 과학 잡지를 찾아보면서 수소에 불을 붙이면 '펑' 하고 터진다는 사실을 발견했습니다. 하지만 끝없는 고민과 시도에도 실험은 실패에 실패를 거듭했습니다. 결국 불꽃놀이에 쓰이는 폭죽이 로켓의 고체 연료와 같다는 사실을 알게 됐고, 기어이 로켓 발사를 성공시켰습니다."

어린 시절 부모님들이 위험하다는 이유로 여러 가지 실험을 하지 못하게 했다면 지금의 데니스홍 박사는 아마도 없었을 것이다. 실패할 때에도 긍정적으로 반응해주고 다시 도전할 수 있도록 지지해준 부모님이 계셨기에 지금의 그가 존재할 수 있다.

데니스 홍 박사는 『로봇박사 데니스홍의 꿈 설계도』에서 창의력을 키우기 위해서는 "어린아이의 눈으로 호기심을 잃지 않아야 한다."라고 말하며 "첫 번째로 만든 로켓보다 더 중요한 것은 바로 첫 번째 실수이자 실패"라고 말했다.

그의 말은 우리 부모들의 역할이 아이의 창의성을 키우는 데 얼마나 큰 역할을 할 수 있는지 알게 해준다. 지금은 앞에서 아이를 이끌고 가는 부모보다 세상에 호기심을 가지고 갈 수 있도록 한 발 물러서서 아이를 지지해주는 부모가 더 필요한 시대다.

선풍기를 해체하고 쓴 선우의 일기

무더운 여름이 다가오기 며칠 전, 가족들과 발코니에 있는 물건을 꺼내 정리하고 물청소도 신나게 했다. 그러고 나서 망가진 선풍기를 어떻게 할까 만지작만지작 거리다가 분해를 해보고 싶어서 엄마한테 말했다. 엄마는 흔쾌히 승낙해줬다. 난 아빠 공구도 써도 되지만 내 전용 공구함도 있어 내 것을 쓰기로 했다.

공구함을 가져다가 드릴로 날개를 덮은 안전 보호 덮개를 풀고 날개부분의 나사를 푸니 모터가 나왔다. 돌려도 보고 눌러도 보니 신기하기도 했다. 나사를 다 빼니 미풍, 약풍, 강풍, 정지 버튼이랑 연결된 선이 있었다. 생각보다 간단한 구조였다.

그리고 타이머 부분에 톱니바퀴가 신기했다. 별 게 없었지만 나사를 풀고 준비하고 뜯는 시간이 1시간 30분은 넘게 걸렸다. 이런 경험을 통해 아이디어 피칭도 하고 아이디어를 구상해내는 것에 많은 도움이 되었다.

이런 경험을 자주 하면 좋을 것 같다. 고등학교를 졸업하기 전에 창업하는 것이 목표여서 아이디어 피칭을 하고 있는데, 이런 경험들은 정말 많은 도움이 된다.

아이의 든든한 지지자가 되는 부모 되는 하브루타 팁

아이는 많은 일을 하고 겪으면서 성장합니다. 그런 과정에서 성공도 있지만 실패도 많습니다. 대체로 강압적인 부모님의 경우 아이가 실패를 경험할 때 "내가 그럴 줄 알았다, 그러니까 더 열심히 했어야지." 하며 다음 번에는 더 열심히 해서 실패하지 말라고 말합니다.

그러나 실패를 했을 때 아이에게 필요한 것은 "실패로 인해 네가 속상할 것을 생각하니 나도 마음이 안 좋구나. 그렇지만 누구나 실패는 한단다. 너는 지금 실패하는 법 한 가지를 배운 거야."라는 말입니다. 이런 간단한 메시지를 주면 아이는 실패했다고 주눅 들지 않고 다음에 더 큰 실패 앞에서도 당당해질 수 있을 것입니다.

아이에게 들려주는 메시지의 중심에 늘 있어야 하는 것은 바로 "엄마는 언제나 너의 편이야."라는 생각과 마음입니다.

- 7 -

아이디어 피칭 -
밀린 방학일기를 어떻게 빨리 쓸 수 있을까?

선우는 엄마 앞에서 아이디어 발표를 자주 한다. 스스로 주변의 문제를 찾아 해결해보는 아이디어를 발표해보는 시간이다. 엄마는 칭찬도 아끼지 않지만 냉정하게 지적도 한다.

– 아이템이 뭐지?

– 무슨 문제를 해결하기 위한 거야?

– 그걸 해결하는 이미 비슷한 아이템이 있는 것으로 아는데 그것과의 차별점은 뭐지?

– 누가 그것을 살까? 과연 살까? 얼마에 팔면 될까?

이렇게 질문하며 선우가 자신의 아이디어만을 생각하느라 놓치고 있는 부분들도 생각해보고 문제해결을 할 수 있도록 돕는다.

이번 6학년 여름 방학이 끝나갈 무렵 발표한 아이디어는 정말 재미있었다. 방학이 끝나갈 무렵인데 일기가 밀려 있는 것 같았다. 선우는 상황별 일기 템플릿을 몇 개 만들어 밀린 일기를 빠르게 쓸 수 있도록 하겠다는 아이디어를 발표했다.

일기 템플릿 – 워터파크 용

날짜 20 년 월 일 요일 날씨

오늘은 (오션월드)에 가는날이다. 아침일찍 일어나 (오션월드)에 갈 짐을 챙기고 출발했다. 도착해서 옷을 갈아입고 팔찌에 돈을 충전하고 물놀이를 시작했다. 오늘 먹었던 것은 (츄러스, 치킨, 콜라, 햄버거) 등이었는데 그중에서도 (바삭한 치킨)이 최고였다. 그리고 나서 신나게 놀았다. 워터슬라이드도 타고 유수풀도 타고 인공파도풀에도 갔다. 모두 다 재미있었지만 (워터슬라이드가 스릴 넘쳐서) 제일 재미있었다. 오늘은 (아빠)와 함께해서 더욱 재밌었던 것 같다.

괄호 안의 파란 글씨 부분은 각자 알아서 적는 부분이라고 한다. 여름에 워터파크는 기본으로 다녀오기 때문에 이 정도만 제시해줘도 기억이 떠올라 밀린 일기를 금방 쓸 수 있을 것이라는 아이디어이다.

우리도 어릴 때를 되돌아보면 개학이 다가올 무렵 잔뜩 밀려 있는 일기를 쓰기 위해 지나간 날씨를 생각해 내느라 골머리를 썼던 기억이 생생하다. 30년 전에도 그랬는데 지금의 아이들도 똑같은 고민을 하고 있었다.

"그러니까 매일매일 썼어야지!"

아이를 나무라기보다 문제가 발생했으니 어떻게 해결하면 좋을지를 생각해볼 수 있도록 돕는 것이 당연히 좋을 것이다.

'문제는 이미 발생했다. 어떻게 해결하면 좋을까?'

선우의 아이디어는 너무 재미있고 공감 가는 아이디어였다. 선우는 이 템플릿으로 밀린 일기 숙제를 정말 뚝딱 해치웠다. 다음 방학에는 이 템플릿을 인터넷에 올려 일기가 밀려 고민하는 친구들을 돕겠다는 의지도 내비쳤다.

아이디어를 도와주는 하브루타 팁

우선 아이가 겪고 있는 일상에서 불편한 점을 찾아보게 해주세요 불편해도 그것을 당연하게 여기면 새로운 생각을 할 수 없어요.

불편한 점, 개선하면 좋을 것을 하나 찾으면 부모님이 관심을 보여주시고 함께 문제를 해결할 방법을 찾아보는 시간을 가져보세요. 현실성 없고 황당한 해결책이라도 칭찬해주며 즐거운 시간으로 만들어주세요. 그 시간이 재미있다면 아이는 자꾸 문제를 발견하고 해결하고 싶어진답니다.

문제를 발견하고 해결하는 방법을 생각해내는 능력은 기업가 정신의 핵심 중 하나인 '기업가적 기민성'을 키우는 아주 좋은 방법입니다. 문제를 발견할 줄 아는 아이가 발명도 하고 창업도 하는 것입니다.

1. 창의성을 높이는 아이디어 피칭 하브루타 : 일상의 불편함은 최고의 아이디어 재료

① 선풍기와 온열매트를 이용한 온풍기 만들기

② 4D 게임을 집에서 즐길 수 있으려면 ?

③ 바둑알이 없을 때 어떻게 오목을 둘 수 있을까?

④ 게임할 때 최적의 마우스를 만들고 싶어

⑤ 사람 키가 달라도 높이를 맞춰주는 식탁의자

2. 논리력과 문제해결력을 높이는 협상 능력 하브루타 : 절실히 원하는 것은 협상 능력을 키울 최고의 기회

① 친구를 집에 초대해 파자마 파티를 하며 밤새 놀고 싶다. 엄마와 어떻게 협상하면 좋을까?

② 나는 햄버거, 엄마는 김치찌개! 서로 먹고 싶은 메뉴가 다르다. 어떻게 협상하면 좋을까?

③ 친구와 떡볶이를 사 먹기로 했는데 용돈이 부족하다. 용돈을 더 받고 싶을 때는 어떻게 협상하면 좋을까?

④ 며칠 전 놀이공원에 다녀왔는데 또 워터파크에 가고 싶다. 워터파크에 가려면 어떻게 협상하면 좋을까?

⑤ 약속된 게임시간을 모두 써버렸는데, 친구가 함께 하자고 한다. 게임시간을 더 받고 싶을 때는 어떻게 협상하면 좋을까?

창의성을 지휘하라

창의성은 자녀교육에서뿐만 아니라 창업현장이나 기업의 경영에서도 키워드이다.

도서 『창의성을 지휘하라』는 기업의 대표적 롤모델인 픽사와 디즈니 애니메이션의 성공신화를 진두지휘해온 캣멀이 30여 년간의 경영 경험과 통찰을 집약하고 두 기업 검증된 사례를 바탕으로 쓴 책이다. 이 책에서 캣멀은 기업의 경영의 핵심을 이렇게 이야기한다.

"변화와 불확실성은 인생의 일부이다. 경영자의 임무는 변화와 불확실성에 저항하는 것이 아니라 예기치 못한 사건이 벌어졌을 때 회복하는 능력을 키우는 것이다."

그리고 다른 조직과의 차이를 만들어낼 수 있는 창의적인 조직을 진두지휘하려면 다음과 같이 해야 한다고 강조한다.

"직원들에게 권한과 책임을 부여하고 직원들이 실수를 저지르더라도 허용하고 스스로 실수를 해결하게 허용하라. 직원들이 공포를 느끼면 공포의 원인을 찾아 해소하라. 이것이 경영자의 의무이다. 즉 경영자의 임무는 리스크를 예방하는 것이 아니라 직원들의 회복능력을 키우는 것이다."

adidas

타는 곳
9번

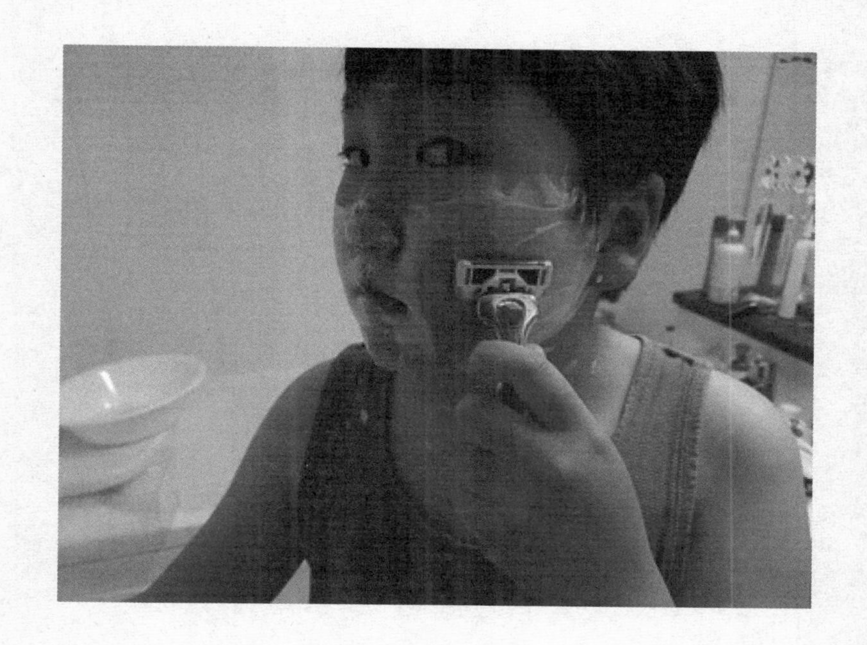

THE
7 SECRETS
OF FUTURE
LEADER

세 번째 비밀

타인과 협업을 가능하게 하는 인성 하브루타

- CHECK POINT -

인성교육은 왜 필요할까?

'4차 산업혁명', '융합형 인재'가 주요 키워드가 된 요즘, 인성교육이 다시 조명을 받는 이유는 무엇일까? 학교폭력, 집단 따돌림, 성폭행, 성추행 등의 사건이 끊이질 않으며 노인문제, 자살문제 등이 우리 사회를 어둡게 하고 있는 것이 현실이다.

왜 이런 일들이 생기는 것일까? 알다시피 우리 교육은 입시 위주의 교육이다. 치열한 경쟁을 뚫고 좋은 대학, 좋은 직장에 들어가는 것이 인생의 목표다. 수학도 2~3년 선행 학습은 선행학습도 아니라는 말이 나돈다. 심지어 나는 6년까지도 선행학습을 하는 학생을 보기도 했다.

그렇게까지 치열하게 경쟁하며 다른 사람을 이겨야 하니 내 옆자리 친구도 경쟁자이고 밟고 넘어야 할 대상이 되는 것이다. 이런 상황이다 보니 아이들은 인성교육은 커녕 주변 친구들을 모두 적으로 생각하는 교육을 받고 있는 것이다.

경쟁 교육은 과거 산업화시대에 산업현장에서 부품과도 같이 자기가 맡은 기능만을 충실하게 해내면 되는 교육 방식이다. 그러나 이제는 그런 시대가 아니다. 미래에 필요한 인재는 부품으로서의 기능을 갖춘 인재가 아니라 창의력을 갖추고 자기 주도적으로 다양한 분야와 협업해야 성공하는 시대이다. 다른 분야의 사람들과 다양한 사람들과 협업을 해야 한다는 것이다. 입시 위주의 교육이 아니라 인성교육이 더욱 중요해지는 이유가 바로 여기에 있다.

그렇다면 인성은 어떻게 키우는 것일까? 헬렌 켈러의 일화에서 한 번 생각해보자. 미국의 작가이자 교육자인 헬렌 켈러는 육체적으로 3가지의 장애를 갖고 있었다. 앞을 볼 수 없었고, 들을 수 없었으며, 말을 할 수 없었다. 그러나 이런 힘든 상황에도 헬렌 켈러는 철저히 남을 위한 삶을 살았다.

헬렌 켈러가 쓴 글『사흘만 볼 수 있다면』에는 그녀가 3일 동안 눈을 뜬다면 하고 싶은 일들이 적혀 있다.

"만약 내가 사흘 동안만 앞을 볼 수 있다면, 첫날에는 나를 가르쳐주신 설리번 선생님을 찾아가 그분의 얼굴을 바라보겠습니다. 그리고 산에 올라 예쁜 꽃과 풀, 아름다운 저녁노을을 볼 것입니다. 둘째 날엔 새벽에 일어나 먼동이 트는 모습을 보고, 밤이 되면 영롱하게 빛나는 하늘의 별을 바라보겠습니다. 셋째 날은 아침 일찍 큰길로 나가 부지런히 일터로 가는 사람들의 활기찬 모습을 보겠습니다. 한낮에는 아름다운 영화를 한 편 보고, 저녁에는 화려한 네온사인과 진열장의 상품들을 구경하고 집으로 돌아올 것입니다. 그리고 한 가지 잊지 않아야 할 것은 사흘간 눈을 뜨게 해주신 하느님께 감사의 기도를 올리는 일입니다. 나는 종종 이런 생각을 합니다. 모든 사람이 단 며칠 동안만 앞을 볼 수 없고 소리를 들을 수 없게 된다면, 그것은 하나의 큰 축복이 될 것이라고 말입니다."

나는 잠시 눈을 꼭 감고 헬렌 켈러의 입장이 되어보았다. 볼 수도, 들을 수도 말할 수도 없다면 어떤 생각이 들까? 가장 보고 싶은 것은 무엇일까? 가장 하고 싶은 말은 무엇인가? 가장 듣고 싶은 것은 누구의 목소리인가?

그리고 눈을 떠본다. 지금 글을 읽을 수 있고 사랑하는 내 아이를 볼 수 있는 것이 얼마나 감사한 일인가? 지금 내가 가지고 있는 모든 것이 너무나 소중함을 느낀다. 너무나 감사한 일이다. 이렇게 매사에 감사한 마음을 가지고 있다면 인성교육이란 단어가 필요 없을 수도 있다. 그렇다고 해서 아이들에게 감사하는 마음을 가지라고 100번 말한다고 감사하는 마음이 생길 수 있을까?

절대 그렇지 않다. 오히려 잔소리로 들을 확률이 더 높다. 아이들이 작은 일에도 감사하고 주변을 챙기도록 하는 것은 부모가 그러한 모습을 보일 때 가능해지는 것이다. 부모가 먼저 감사를 실천하고 그러한 작은 감사들이 가득 채워지고도 남을 때, 그것이 아이에게 그대로 전달된다. 아이는 부모의 모습 그대로를 흡수하며 자신도 모르는 사이에 작은 일에 감사할 줄 알고 인성도 갖춘 훌륭한 성인으로 성장하는 것이다.

우리 아이들이 작은 일에도 감사하는 마음을 가질 수 있도록 부모가 실천하고 그 실천에 아이들 동참시켜라. 그것이 바로 인성교육의 출발점이다.

- 1 -

존중하는 마음은 부모에게 배워요

"HAPPY BIRTHDAY! 할머니, 생신 축하드려요."

오늘은 선우 외할머니의 생신이다. 며칠 전 생신 선물에 대해 남편과 상의를 하면서, 선우와도 하브루타를 했다.

"외할머니 생신 선물로 무엇이 가장 좋을까?"

그러던 어느 날 저녁, 선우가 할머니 드릴 선물을 샀다며 '아이스 초콜릿'을 내놓는 것이 아닌가? 돈도 별로 없을 텐데 비싼 아이스 초콜릿을

산 걸 보니 나름 신경을 많이 쓴 것이 느껴졌다. 그런데 할머니는 이가 좋지 않으셔서 몇 해 전부터 틀니를 하신다. 그리고 단 것을 좋아하시지도 않는다. 그렇지만 선우의 정성이 담긴 선물이니 잘 챙겨서 할머니를 만나러 갔다.

할머니는 선우의 선물을 받고, 이 세상을 다 받으신 것처럼 정말 기뻐하셨다. 초콜릿 선물은 생전 처음 받아보신다며 선우 머리가 다 닳도록 쓰다듬어주셨다. 선우도 할머니의 무한 칭찬에 어깨가 으쓱해졌다. 생신 파티를 끝나고 작별 인사를 나누는데 할머니가 선우에게 용돈을 주시면서 또 칭찬을 해주셨다. 용돈을 받은 것도 좋지만 이렇게 끝도 없는 칭찬을 듣는 것이 선우에게는 매우 기분 좋은 경험일 것이다.

요즘 대부분의 가정이 조부모와는 떨어져서 부모와 아이들만 함께 사는 경우가 많다. 그러다 보니 가족 모임이나 명절이 되어야만 조부모를 만날 기회가 생긴다. 모두 바쁜 시대이니 어쩔 수 없다. 그렇지만 기회가 될 때마다 나는 아이들과 함께 찾아뵙기 위해 노력한다.

나는 한 어머니에게 이런 말을 들은 적이 있다.

"저희 시어머니는 결혼 초부터 연락도 없이 아무 때나 불쑥불쑥 찾아오세요. 그게 너무 스트레스예요."

시어머니와 감정이 좋지 않다 보니 아이들 앞에서까지 자꾸 시어머니 흉을 보게 된다고 하셨다. 시어머니와 며느리 사이에 많이 겪는 문제 중 하나다. 하지만 중요한 것은 나의 개인적인 감정 때문에 아이들의 교육을 망쳐서는 안 된다는 것이다.

"어머니, 정말 힘드시겠어요. 그렇지만 아이들을 위해서라도 시어머니에 대한 개인적인 감정은 별개로 처리해야 해요. 내 감정 때문에 아이와 조부모와의 관계를 망치면 안 된답니다."

조부모는 아이들에게 부모가 해줄 수 없는 것을 해주는 존재이다.

'우리 손자 장군감이네.'
'우리 손녀 대통령감이네.'

조부모님들에게 손자는 이 세상 누구보다도 훌륭하고 크게 될 사람인 것이다. '대통령감이다.' 혹은 '장군감이다.'라는 얘기를 들으면 우리는 손발이 오글거릴 정도다. 사실 이런 칭찬은 부모인 우리도 하기 힘들다. 아이와 매일 현실에서 부딪치다 보면 잔소리가 쉽게 나오고 아이들의 현재 상태를 너무도 잘 알기 때문이다.

한도 끝도 없이 조건 없는 칭찬을 해주실 분은 이 세상에 조부모 밖에 없다. 나의 사사로운 감정 때문에 우리 아이가 그런 조건 없는 큰 사랑을 놓치게 하는 것은 어리석은 일이다.

그리고 조부모님으로부터 사랑받고 또 조부모님을 존중하면서 자란 아이는 어른이 되어 가정을 이루었을 때 그 자식에게도 그렇게 교육할 가능성이 높다. 우리도 언젠가는 조부모가 될 것이다. 그때 우리가 손자로부터 존중을 받을 수 있을지 여부는 우리가 지금 아이들에게 어떻게 가르치느냐에 달려 있다.

그렇다고 아이들에게 "조부모님 선물을 꼭 사야 한다, 조부모님을 존중해라."라고 억지로 강요하기보다는 평소에 하브루타를 하며 가랑비에 옷 젖듯이 할아버지 할머니를 위하는 마음을 갖게 하는 것이 좋다.

"할머니, 할아버지가 계시지 않았다면 엄마 아빠가 이 세상에 태어날 수 있었을까?"

"할머니, 할아버지는 우리에게 어떤 존재일까?"

이렇게 질문을 던지고 아이 스스로 생각할 수 있는 기회를 주어 할머니 할아버지의 존재에 대한 소중함을 생각해볼 수 있게 했으면 좋겠다.

그렇게 되면 아이는 할머니의 선물을 사느라 용돈을 쓰는 게 아까운 것이 아니라 오히려 소중한 할머니의 선물을 준비하기 위해 집안일을 해가며 용돈을 모으는 아이가 될 것이다.

"우리 선우는 훌륭한 사람 될 거란다. 이 할머니가 태몽으로 호랑이 꿈을 꿨거든."

할머니의 이 한마디 말에 과연 선우는 어떤 꿈을 꾸게 될까?

할머니 생신에 다녀와 쓴 선우의 일기

며칠 전 아빠 엄마와 하브루타를 하면서 시골 외할머니 생신 선물을 상의하고 정했다. 나는 할머니 생신 선물로 맛있는 초콜릿을 샀는데 좀 비싼 초콜릿으로 샀다. 할머니 생신날 선물을 드렸더니 정말로 너무나 좋아하셔서 나도 너무 기분이 좋았다. 헤헤! 할머니의 칭찬을 받아서 어깨가 으쓱한데 할머니는 용돈도 주셨다. 히힛! 용돈도 좋지만 칭찬을 많이 받아서 너무 기분이 좋고 자신감이 는 것 같다.

친할머니 댁은 아파트가 아니고 빌라이다. 그래서 겨울에는 너무 추운데 할머니는 돈 아끼신다고 보일러도 잘 틀지 않으신다. 지난번에 샤워를 하다가 너무 추워서 죽을 뻔했다. 그래서 엄마와 아빠는 의논하셔서 할머니 댁 화장실을 따뜻하게 만들어주는 화장실용 온풍기를 달아드렸다. 나도 당연히 따라가서 설치하는 아빠를 도와드렸다.

그전에는 내 요리 솜씨로 할머니 미역국도 끓여드렸다. 그때도 정말 기분이 좋았고 행복했다. 나중에 할머니하고 밥을 먹을 때 여쭈어보았더니 정말 따듯하고 좋다고 하셨다. 그리고 미역국도 맛있었다고 하셨다. 너무 뿌듯했다. 내가 나중에 아빠가 되면 아이들한테 할머니를 챙겨드리는 교육을 꼭 시켜야 할 것 같다.

- 2 -

가족이라면 누구나 함께 집안일을 해야지!

'핑거 프린세스(finger princess)', 손가락 공주라는 말이 있다. 요즘에 인터넷에 많은 정보가 쏟아져 나오면서 직접 자신이 찾는 것마저 귀찮고 힘들어 스스로 알아볼 생각은 않고 무조건 주변사람에게 물어보기만 하는 사람을 가리킨다.

요즘 많은 부모님이 아이들에게 모든 걸 해서 바친다. 아이가 밥을 먹다가 물이 필요해도 "엄마, 나 물 줘!"다. 상전이 따로 없다. 간혹 아이가 식사 후에 설거지라도 하려고 하면 "너는 그럴 시간에 공부해. 그게 효도하는 거야."라고 말하면서 가족을 위해 일할 기회를 빼앗아버린다.

세계 최고 부자 중 한 명인 빌 게이츠는 자녀들을 식당을 비롯한 여러 곳에 아르바이트를 시켰다고 한다. 오바마 대통령도 딸을 식당에서 아르바이트를 하도록 했다.

돈도 있고 여유도 있는 이런 사람들이 자신의 자식에게 아르바이트를 하도록 권한 이유는 무엇일까? 그건 바로 돈을 버는 것이 얼마나 힘든 일인지를 알게 해주고, 다른 사람들이 얼마만큼 힘들게 일해서 살아가고 있는지, 왜 돈을 현명하게 써야 하는지 등을 배우고 경험하게 해주기 위한 것이다.

'오늘 청소는 몇 시부터 시작할까?'

우리 가족은 일요일 아침 식사를 하면서 청소 계획을 세운다. 내가 하브루타를 배우기 전에는 그냥 시간 되는 대로 내가 혼자 청소를 했다. 유대인들은 자녀를 집안일에 반드시 동참시킨다. 식탁을 차릴 때 스푼 하나라도 놓도록 지도한다. 그리고 집안일을 하면 용돈을 주는데, 그 기준도 명확하다. 나만을 위한 것이 아니라 잔디 깎기, 애완동물 먹이 주기 등 가족 전체를 위한 일을 했을 때 용돈을 준다.

하브루타를 하며 아이를 집안일에 동참시키는 것이 얼마나 중요한지를 알게 되었다. 그래서 청소할 때는 선우도 함께 돕도록 하고 있다.

"엄마, 저는 화장실 청소할래요!"

선우는 화장실 청소하기를 좋아한다. 화장실 청소는 살균제를 사용하는데 가끔 눈이 맵다고 물안경에 고무장갑에 마스크에 아주 완벽한 준비를 하고 청소한다. 그런 모습을 보면 웃음이 날 때가 많다.

청소를 하고 나면 맘에 안 들 때도 많이 있어서 내가 다시 선우 몰래 청소를 하는 경우도 많지만, 청소를 하고 나면 무조건 칭찬하고 용돈도 준다. 그리고 선우는 일요일이면 재활용을 버린다. 이것도 선우의 몫이다.

양이 많을 때는 아빠가 도와주긴 하지만 우리 집 재활용 버리는 담당은 분명 선우다. 물론 이 일도 용돈 지급 대상이다. 하지만 선우 방 청소나 책상 정리를 할 때는 용돈을 주지 않는다. 그것은 당연히 선우가 해야 할 일이기 때문이다.

"선우야, 선우가 이렇게 집안일을 도와주니까, 엄마가 공부할 시간이 더 생겨서 너무 고마워. 사랑해!"

나는 청소기를 돌리고 아빠는 바닥을 물걸레로 닦아주고, 선우는 화장실을 청소한다. 오늘도 깨끗해진 집을 보니 다음 일주일이 산뜻하게 시작될 것 같다.

선우와 나눈 하브루타 브레인스토밍

① 청소는 꼭 해야 하나?

② 화장실 청소가 쉬울까? 청소기 미는 것이 쉬울까?

③ 지독한 세제 냄새는 어떻게 하면 맡지 않을 수 있을까?

④ 청소를 하지 않는 방법은 없을까?

⑤ 용돈을 버는 또 다른 방법은 없을까?

⑥ 내가 청소하면 엄마 아빠는 왜 좋아하실까?

⑦ 다른 친구들은 왜 집안일을 안 도울까?

⑧ 내가 청소를 하는 것이 나한테 어떤 도움이 될까?

⑨ 내가 청소를 하지 않겠다고 한다면 엄마 아빠는 어떤 마음이 들까?

⑩ 엄마 아빠도 어릴 때 집안일을 했을까?

⑪ 나중에 커서 아이들에게 집안일을 시키는 게 좋을까?

집안일에 동참시키는 하브루타 팁

어느 날 갑자기 집안일을 하라고 하면 아이는 당연히 거부할 수밖에 없어요. 늘 아이의 기분이 최고일 때 시작하셔야 됩니다.

① '이번 방학에는 한 가지 계획을 세우자' 등 아이도 받아들일 만한 명확한 계기를 만드세요.

② 우선 한 가지만 하게 하세요. 한 가지라도 꾸준히 실천하는 것이 중요해요. (예: 플라스틱 재활용 담당)

③ 칭찬과 보상은 필수입니다. 자기만을 위한 일이 아니고 가족을 위한 일이므로 용돈 등을 지급하세요.

④ '네가 플라스틱 재활용을 책임져주니 엄마가 손목이 아팠는데 덜 아프네!'라며 구체적으로 좋아진 점을 말씀해주세요.

⑤ 상황을 보면서 한 가지씩 추가해가고 보상은 아이와 상의해서 정하면 아이도 흔쾌히 받아들일 거예요.

집안일을 하면서 자라는 아이와 그렇지 않은 아이는 부모님을 대하는 태도가 다릅니다. 부모는 하인이 아니라는 것을 무언으로 가르치세요.

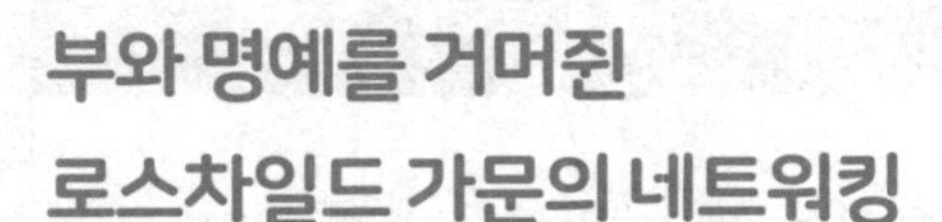

부와 명예를 거머쥔 로스차일드 가문의 네트워킹

로스차일드가문은 국제적 금융기업을 보유하고 있는 유대계 금융재벌 가문이다. 유로를 발행하는 '유럽중앙은행'을 장악하고 있으며 달러를 발행하는 FRB(미국연방준비은행)의 최대 주주이자 세계 최대 다이아몬드 기업인 드비어스 사 주주이다. 그들은 250년이라는 시간동안 세계의 부를 움직여왔다. 그 힘을 어디에서 찾아야 할까?

로스차일드 가문은 금융업으로만 돈을 번 것이 아니다. 와인이나 치즈 회사도 가지고 있으며 예술가들을 후원하고 자선을 행한다. 이런 다양한 분야와의 네트워킹과 협업이 로스차일드에게 부와 명예를 가져다 준 것이다.

창업현장에서 네트워킹능력은 사업의 성패를 가르는 부분이다. 그래서 창업전문가들은 창업자가 최근 누구를 만나고 다니는지를 보면 앞으로 성공할 것인지 그렇지 않을 것인지가 보인다고 이야기한다. 협업의 시대이다. '혼자 가면 빨리 가지만 함께 가면 멀리 간다'라는 격언이 창업현장에서 의미를 더하는 이유이다.

- 3 -

폐지 줍는 할머니, 할아버지께 즉석밥 드리기 미션

'어디 가면 폐지 줍는 할머니를 만날 수 있을까?'

오늘은 가을바람이 쌀쌀한 11월의 일요일이다. 지금 내가 활동하는 소셜(사회적) 기반의 봉사모임에서 '폐지 줍는 노인들께 24개 들이 즉석밥 나눠드리기' 프로젝트를 진행하는 중이다.

진지 꼭 챙기면서 다니세요. 어르신!
어르신께 큰 도움은 드리지 못하지만 마음은 늘 함께하고 있습니다.
이웃들이 늘 곁에 있으니 힘내시고 항상 건강하십시오!

할머니와 할아버지들이 힘들게 폐지를 모아 손수레를 끌고 다니시는 모습을 보면 늘 마음 한편에서 불편함이 몰려왔다. 아마도 도와드리고 싶은데 그렇지 못해서 느껴지는 감정이었던 것 같다.

이번 프로젝트 덕분에 선우와 우리 가족은 시작부터 뿌듯한 마음으로 차 트렁크에 즉석밥 상자를 싣고 동네를 돌기 시작했다. 매번 잘 보이던 모습이 이상하게도 보이질 않았다. 골목마다 차로 돌았다.

"오늘은 쉬시는 날인가?"
"미리 할머니들에게 언제 나오시는지 물어볼 걸 그랬네."

선우가 말했다. 나도 그랬어야 하나 생각하고 있는데 드디어 할머니 한 분을 발견했다. 혹시라도 기분 상하실까 봐 우리 가족 프로젝트 취지를 설명해드렸다. 하지만 걱정과는 다르게 너무도 고마워하시면서 받아 주셨다.

오늘 만난 분 중에 어떤 분은 이렇게 말하셨다.

"나도 교회 다니지만 이렇게 좋은 일은 못 하고 사는데 참 좋은 일 하네. 나는 그래도 밥은 안 굶어. 더 어려운 사람한테 줘!"

참 마음이 따뜻해지는 말씀이었다.

유대인들은 자선을 '정의'이자 '신의 명령'으로 여기며 실천한다. 자선에도 여러 가지 단계가 있다. 상대방이 알도록 하는 자선은 단계가 낮은 단계이다. 상대방이 전혀 모르게 하는 자선을 높은 단계의 자선으로 여긴다. 우리가 숨을 쉬듯이 자선을 행하며 늘 자선의 기회를 찾아 나서는 사람들이 유대인이다. 유대인은 자선의 모습을 '고난도의 예술'에 비유하기도 한다. 상대방은 도움을 받는지도 모르게 도움을 주어야 하는 너무도 어려운 과정이기 때문이다.

우리 가족이 오늘 한 일은 자선의 의미에서 조금 낮은 단계의 자선이라고 할 수 있다. 그렇지만 이런 단계를 거치다 보면 높은 단계의 자선으로 발전이 가능할 것이다. 아이에게 단 한 번에 높은 단계를 요구하기보다는 작은 기회라도 지금 실천할 수 있는 자선의 기회를 주는 것이 중요하다고 생각한다.

오늘 함께 다니는 내내 선우는 어떤 생각을 했을까? 하루 한 가지 선행하기를 실천하고 있는 우리 가족의 선행 목록 1호는 '폐지 줍는 노인들께 즉석밥 나눠 드리기'가 되었다.

선행 실천을 돕는 하브루타 팁

① 선행과 관련된 영화나 동영상들을 보고 자연스럽게 아이의 마음에 선행의 마음이 생기면 우리가 할 수 있는 선행이 무엇인지 하브루타를 해보세요.

② 기부 저금통을 준비하세요. 바로 실천할 수 있는 것은 저금통에 돈을 모으는 것이에요. 너무 큰 저금통보다는 작은 것으로 시작하면 성취감을 빨리 느낄 수 있어요.

③ 용돈을 받거나 세뱃돈을 받는 등 돈이 생기면 그중 10% 정도는 기부통에 기부를 실천하세요. 칭찬도 잊지 마세요.

④ 돈이 어느 정도 모이면 아이와 하브루타를 통해 모은 돈으로 어떻게 이웃을 도울 것인지 정하고 함께 선행을 경험해보세요. 동 주민센터를 통해 도움을 줄 수도 있고 가장 좋은 경험은 아이가 직접 현장에서 도움을 주는 경험을 하는 것이랍니다. 누군가에게 도움이 될 수 있다는 사실에 아이는 자존감도 더 높아질 것입니다.

-4-

늦은 밤 엄마 마중 나가기

"엄마, 내가 마중 나가 있을게."

오늘은 내가 친구들과 모임이 있는 날이다. 그동안 바빠서 만나지 못했던 친구들을 만나니 시간 가는 줄 모르고 놀았다. 저녁 늦게 만나다 보니 12시가 다 된 시간에 헤어졌다. 지하철에서 내려 마을버스를 타고 오는 길에 선우에게 전화가 왔다.

"엄마, 버스 내려서 혼자 걸어오기 무섭지 않아? 내가 마중 나갈까?"

마을버스에서 내려서 집까지 꽤 걸어야 한다. 선우가 엄마 걱정이 되었나보다. 선우가 밤 12시가 넘은 시간에 마중을 나오는 것이 오히려 걱정이 되었지만 엄마를 배려하는 마음을 꺾지 말아야겠다고 생각했다.

"그럼 마을버스 정류장에서 만나."

전화를 끊고 마을버스 정류장에 내리니 선우가 걸어오고 있었다.

"선우야~."
"엄마!"

우리는 서로 안아주고 편의점으로 가서 아이스크림을 사 먹으면서 집으로 돌아왔다. 이렇게 훌쩍 자란 선우를 보니 옛일이 떠올랐다.

결혼 후 아이가 생기지 않아 병원을 몇 년씩 전전했던 일, '원인불명의 불임'이라는 진단을 받고 2년 넘게 시도하며 '시험관 아기시술' 과정의 고통과 불안으로 힘들었던 기억이 주마등처럼 지나갔다. 다들 결혼하면 아이가 생기는 것은 당연한 것인데, 우리에게만 왜 이런 고통이 오는 것인지, 그저 상대도 없이 원망하며 지낼 때 기적과도 같이 우리 부부에게 온 선우. 벌써 이렇게 자라 엄마가 돌아오는 밤길을 걱정해주는 나이가 되었다.

아이의 배려심을 키워주는 하브루타 팁

아이도 가끔은 부모님의 도움만 받는 존재가 아닌 도움을 주는 존재이고 싶어 해요. 그럴 때 아이의 마음을 막으면 아이는 본인이 잘 못할 것이라 생각해서 부모님이 막는다고 생각할 수 있어요. 조금 걱정되더라도 아이가 부모님을 위해 역할을 할 수 있는 기회를 주세요.

① 시장을 봤는데 짐이 너무 무거워서 엄마가 힘드네. 선우가 같이 나눠 들어줄 수 있어?
② 엄마가 너무 바빠서 그런데, 슈퍼에서 두부 좀 사다줄 수 있을까?
③ 빨래가 많아서 혼자 널기 힘들겠네. 조금 도와주면 엄마에게 큰 힘이 되겠어.

이런 말이 아이의 자존감을 키울 수 있답니다.

'쩨다까'의 비밀 - 돈의 노예가 아니라 주인이 되어라

영화 〈타이타닉〉에 보면 배에 물이 차올 때 여성과 아이들에게 구명조끼를 양보하는 사람이 나온다. 이는 구겐하임 가문의 사람으로 실존 인물이다. 생명이 달려 있는 상황에서도 구명조끼를 양보할 수 있는 것은 진정한 의미의 '노블레스 오블리주'를 실천한 것이다.

이것이 가능한 이유는 유대인의 자선 교육을 통한 인성교육에 있다. 유대인들은 자선을 신의 명령으로 여기서 아이가 손에 동전을 쥘 수 있는 힘이 생기는 시기부터 '쩨다까'라고 하는 저금통에 동전을 넣는 자선을 가르친다.

소득의 33%를 자선하라고 가르치는데, 자선을 행하게 되면 그 이상의 부와 행복이 돌아온다는 믿음을 가지고 그렇게 교육한다. 그 교육 속에는 '돈의 노예가 아니라 돈의 주인이 돼라'는 가르침이 있다.

이런 자선교육으로 남을 먼저 배려하고 존중할 줄 아는 건강한 인성이 형성된다. 결국 건강한 인성은 팀을 이루어 하는 협업의 시대에 어떤 어려움도 함께 손잡고 겪을 수 있는 팀워크로 연결되는 것이다.

- 5 -

엄마의 고민 들어주기

6학년 여름방학. 나는 눈코 뜰 새 없이 바빴지만 틈이 나면 선우와 하브루타 시간을 가졌다. 하브루타 주제로 각자 토론하고 싶은 질문 2개씩 칠판에 적고 함께 나누어보았다.

일주일 후에 태안으로 여행을 갈 예정이라 한껏 들떠 했던 선우의 질문은 갯벌에 관련된 질문이다.

"갯벌에서 낙지를 잘 잡을 수 있는 방법은 무엇일까?"
"갯벌에서 잡는 생물 중에 먹을 수 있는 것과 먹을 수 없는 것은 무엇일까?"

그리고 내 질문은 이렇다.

"어떻게 하면 새롭게 합류한 팀원과 더 재미있게 일을 할 수 있을까?"
"미운 사람이 생겼을 때는 어떻게 하면 좋을까?"

사실 내가 이런 질문을 적은 이유가 있다. 최근 함께 일하던 분이 프로젝트 중간에 일을 그만 두게 되면서 새로운 분이 합류하게 되었고 나는 새로운 분과 일하는 스타일부터 모든 것을 새롭게 맞춰 가느라고 그렇지 않아도 바쁘고 정신없는 와중에 그야말로 멘붕 상태였던 것이다.

이 질문들을 가지고 한동안 하브루타를 했다. 그러던 중에 선우가 이런 이야기를 해주었다.

"엄마, 지금은 새로운 사람과 맞춰가느라고 시간도 오래 걸리고 익숙하지 않겠지만, 점점 익숙해지면 빨리 잘 처리할 수 있을 거야. 나도 예전에 무슨 게임을 처음 할 때는 메뉴도 어디 있는지 몰라서 오래 걸리고 매일 게임에서 졌는데 지금은 익숙해져서 매일 이기고 엄청 잘하게 되었거든."

사실 선우와 함께한 이번 하브루타에서 나는 고개를 끄덕였다. 인사이트를 얻을 수 있었기 때문이다. 그리고 선우는 이 하브루타를 통해 엄마가 요즘 일을 하면서 어떤 점이 문제이고 힘들어하는지 알았을 것이다.

그리고 엄마와 토론을 하면서 아들이지만 엄마에게 조언을 해줄 수 있고 그 조언에 엄마가 진심으로 도움을 받고 고맙다는 표현을 했을 때 어린 나이지만 엄마를 도울 수 있는 존재라는 것에서 자존감이 높아질 것이다. 부모는 어벤저스도 아니고 완벽한 존재가 아니다. 부모도 세상을 살아가면서 힘든 점이 있고 그것을 해결하기 위해 끊임없이 고민하고 노력한다.

그런 모습을 자녀에게 있는 그대로 보여줘야 한다. 자녀는 부모를 통해 세상을 본다. 있는 그대로의 모습을 보여줄 때 아이는 세상을 바로 볼 수 있고 간접경험을 통해 배움을 얻게 된다. 그래서 엄마가 인간관계로 얼마나 힘들어하는지, 또 하는 일에 얼마나 많은 노력이 들어가는지 등을 아이와 토론하면서 자연스럽게 이야기해주는 것은 살아 있는 교육이 되는 것이다.

이런 부모에게 자녀는 스스로에게 문제가 생길 때 함께 꺼내어 의논할 줄 아는 아이가 될 것이다.

부모님도 열심히 세상을 살아가는 사람임을 알려주는 하브루타 팁

부모님이 밖에서 활동하는 부분들에서 있는 다양한 이야기를 아이에게 들려주세요. 우리 아이들은 아직 나이가 어려서 경험할 수 있는 것들이 한계가 있기 때문에 부모님의 다양한 경험을 자연스럽게 들려줄 때 아이는 세상에 대한 이해가 커지게 됩니다.

특히 세상을 살아가면서 가장 힘든 것 중의 하나는 인간관계입니다. 밥상머리 또는 잠자리에서 부모가 겪는 수많은 인간관계를 자연스럽게 이야기해주면 아이도 또래의 인간관계를 생각하며 스스로 적용하기도 하고 '우리 부모님도 이런 것으로 힘들어하는구나.'라고 생각하며 부모님에 대한 이해도도 커지게 됩니다.

이렇게 자란 아이는 무조건 배려만 받으며 자란 아이보다 부모를 배려할 줄 아는 성인으로 자라게 된답니다.

- 6 -

김장하는 날

5학년 가을이었다. 우리는 겨울동안 먹을 김장을 시골 할머니 댁에서 가족 모두 모여서 한다. 대가족이다 보니 배추나 무의 양이 어마어마한 규모이다. 나는 일정 때문에 이번 김장에 가지 못하고 남편과 선우만 갈 수밖에 없는 상황이 되었다.

다녀온 후에 얘기를 들어보니 우리 집에 가져올 김장은 선우가 거의 다 했다고 한다. 김장을 하러 오지 못한 엄마를 대신해서 열심히 했다는 것이다.

일반적으로 김장은 당연히 어른들만 하는 것이라고 생각하고 아이들에게는 할 기회를 주지 않거나 시키지도 않지만 선우는 그렇지 않다.

힘든 일도 즐거운 일도 함께 나누고 즐긴다. 개인주의와 이기주의가 팽배한 이 시대에 이런 경험을 주는 것은 멋진 어른으로 성장할 수 있도록 돕는 것이다.

다음은 인성 하브루타의 몇 가지 예시이다. 상황에 따라 적용해보기를 바란다.

① 부모도 치열하게 살고 있구나, 엄마가 일하는 현장 가보기
② 가족을 위한 것은 당연히 해야지, 추운 할머니 댁 화장실에 온풍기 설치하기
③ 내가 할 요리에 필요한 자료는 내가 더 잘 알아, 동네 마트에서 장봐오기
④ 편식을 고치고 싶어, 고사리 볶음 직접 만들기
⑤ 함께 하면 금방 끝낼 수 있어, 캠핑 가서 텐트 직접 치기

이기적이지 않은 어른으로 성장을 돕는 하브루타 팁

집안의 행사에 아이가 참여해서 기여할 수 있게 해주세요. 선우는 김장이라는 집안의 큰 행사에서 역할을 함으로써 엄마 아빠가 아닌 이모, 이모부, 할머니 등 어른들로부터 칭찬을 받을 수 있었답니다

매일 듣는 엄마 아빠의 칭찬이나 평가가 아닌 다른 어른들로부터 긍정적인 평가를 받을 때 아이는 자신에 대한 믿음과 자존감이 더 높아지게 된답니다.

언제나 자선의 기회를 찾는 유대인

유대인 이야기 중에 '아들의 생일 잔치'에 관한 것이 있다.

아버지는 이웃의 가난한 사람들에게 자선을 베풀기 위해 아들의 생일을 빌미로 잔치를 벌인다. 아버지가 가난한 사람들을 위해 벌이는 잔치이므로 가족 중 한 사람이 의견을 냈다. 가난한 사람들을 위한 잔치이니 가난한 사람들을 편안한 자리에 앉히고 부자들을 나머지 자리에 앉히면 어떻겠냐는 것이었다. 하지만 아버지는 그러면 안 된다고 했다. 그 이유는 무엇일까?

아버지는 가난한 사람들을 위해 잔치를 베풀면서도 왜 가난한 사람들을 편안한 자리에 앉히는 것은 반대한 것일까?

이유는 이렇다. 유대인들은 자선을 베풀 때 상대가 알아차리지 못하게 하는 자선을 높게 평가한다. 그리고 자선을 하면 그 이상의 행복과 부가 돌아올 것이라는 믿음이 있다. 그렇기에 아들의 생일을 가난한 사

람들을 위한 자선의 기회로 만든 것이다.

몇 년 전 페이스북의 창업자 마크 저커버그가 페이스북에 포스팅한 글이 화제가 된 적이 있다. 딸에게 쓴 편지글이었는데 그 내용을 간추려보면 다음과 같다.

'사랑하는 딸이 태어나니 아이가 살아가야 할 세상을 더 좋은 곳으로 만들 수 있는 것들을 생각하게 되었다. 미래가 현재보다 더 나은 세상이 되도록 여러 프로그램에 투자할 필요가 있다. 그래서 페이스북 지분의 99%를 기부하겠다.'

이런 부모의 가르침 속에서 자라는 마크 저커버그의 딸은 어떤 어른으로 성장하게 될까? 왜 재산을 자신에게 모두 주지 않고 기부를 했느냐고 따져 묻는 어른이 될까? 아닐 것이다. 아마도 부모 이상으로 주변을 배려하고 보살피는, 따뜻한 마음을 가진 그런 어른으로 성장하지 않을까?

THE
7 SECRETS
OF FUTURE
LEADER

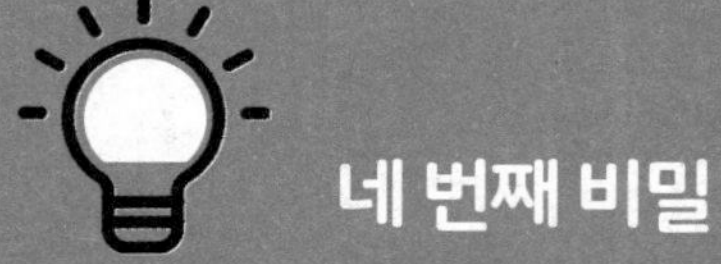

네 번째 비밀

올바른 방향을 정하는 판단력 하브루타

- CHECK POINT -

판단력은 왜 필요할까?

다윗과 골리앗의 이야기를 들어보았을 것이다.

이스라엘과 블레셋의 전쟁이 벌어졌고 블레셋에는 키가 3m 가까이 되고 7kg이나 되는 큰 칼을 가진 골리앗이란 장수가 온갖 모욕적인 말을 하는데도 큰 덩치와 칼의 위엄에 눌려 이스라엘 군사는 아무것도 하지 못하고 벌벌 떨고만 있었다. 그때 다윗이라는 양치는 소년이 사울 왕 앞으로 나아가 자신이 골리앗과 싸우겠다고 선언했다. 대안이 없었던 사울 왕은 다윗에게 갑옷과 무기를 내어주었다. 다윗은 무거운 갑옷과 무기 대신 돌멩이 5개를 주워서 들고 물맷돌을 힘차게 날려 골리앗의 눈과 눈

사이를 정확히 맞추었다. 그 큰 덩치의 골리앗은 쓰러졌고 블레셋의 군대는 구름처럼 흩어지며 도망쳤다고 한다.

이길 수 없을 것만 같았던 골리앗과의 싸움에서 다윗이 이길 수 있었던 것의 핵심은 무엇일까? 바로 게임의 규칙을 새로 만들어야겠다고 판단한 것이다. 다윗이 만약 기존의 방법대로 무거운 갑옷을 입고 칼을 들고 싸웠다면 백전백패하였을 것이다. 그러나 다윗은 상황을 정확히 파악하고 어떤 방식으로 싸워야만 이길 수 있을지를 정확히 판단한 것이다. 그것이 이길 수 없을 것 같은 골리앗을 이긴 사건의 핵심이다.

얼마 전 인터넷을 뜨겁게 달군 뉴스가 있었다. 중국에 있던 아디다스 공장이 독일로 돌아갔다는 기사였다. 그런데 중국공장에서의 근로자 수는 600명에 달했으나 독일로 옮긴 공장에는 단 10명의 근로자가 있을 뿐이었다. 600명의 자리를 대신한 것은 인공지능, 로봇, 3D프린터 등 IT시스템이다. 이것이 일명 스마트 팩토리이다.

많은 일자리가 사라질 것이라는 예언 같은 뉴스들이 나온 지 불과 얼마 되지 않았는데 그것은 이미 현실로 나타나고 있고 그 속도는 기하급수적으로 빨라지고 있다. 이렇듯 우리를 둘러싼 세상과 환경은 불확실성으로 가득하다. 우리 아이들이 살아가야 할 미래는 더더욱 그러하다.

그러나 불확실성이 높을수록 세상을 읽고 제대로 된 판단력만 갖춘다면 오히려 게임의 규칙을 새로 디자인할 수 있는 기회는 많아진다. 지금 변화를 선도하는 기업 대부분은 20년 전에 존재하지도 않았다. 그렇다면 이들 기업은 다른 기업이 얻지 못한 기회를 어떻게 발견했을까? 기존의 덩치 큰 기업들은 막대한 자금과 인적자원 등을 등에 업고 있지만 스타트업은 그렇지도 못하다. 자금도 턱없이 부족하고 인력도 마찬가지다. 그렇지만 페이스북, 테슬라, 우버(uber)나 에어비앤비(airbnb)와 같이 세상을 선도하는 기업으로 성장했다. 그들에게는 기존의 골리앗과 같은 거대 기업을 쓰러뜨릴 수 있는 필살기가 있었다. 세상의 변화를 읽고 어떻게 싸워야만 골리앗을 이길 수 있을지 정확히 판단했던 것이다.

미래를 살아갈 우리 아이들에게 꼭 필요한 것은 바로 골리앗을 이겼던 다윗의 현명한 판단력이다. 그러나 판단력은 어느 날 갑자기 생기는 것은 아닐 것이다. 작은 판단의 기회를 가져보고 잘못된 판단도 경험해보면서 더 나은 판단력을 갖추게 되는 것이다. 그리고 이야기 속에 나오는 수많은 판단의 사례를 보면서 '나라면 어떻게 판단했을까?'를 하브루타로 풀어본다면 더 좋은 판단력을 기르는 데 큰 도움이 될 것이다.

-1-

뱀의 꼬리, 나도 훌륭한 지도자가 되어볼까?

급변하는 세상 속에서 리더의 자질도 변하고 있다. 과거 산업화시대에는 팀을 이끌고 가는 강력한 리더십이 필요했다면 지금은 팀원의 개성을 존중하는 부드러운 인간 중심의 리더 시대로 가고 있다.

이 시대에 필요한 리더십은 과거 독선적인 리더십보다는 개개인의 역량과 개성을 존중하며 이끄는 코치형 리더십이다. 나는 과연 어떤 타입의 리더인가? 팀을 불구덩이로 이끄는 리더는 아닌가? 나는 리더의 자질이 있는가? 만일 뱀의 머리와 꼬리를 만난다면 어떤 조언을 해주고 싶은가?

* * *

한 마리의 뱀이 있었다. 뱀의 꼬리는 언제나 그 머리가 가는 대로 따라 다녀야만 했다. 어느 날 꼬리가 머리에게 불만을 터뜨렸다.

"왜 내가 항상 네 꽁무니만 무작정 따라다녀야 하는 거야? 왜 항상 네가 나를 끌고 다니는 거지? 이건 너무나 불공평한 처사라고 생각해. 나도 너와 마찬가지로 뱀의 일부분인데 나만 항상 노예처럼 끌려다니기만 하는 것이 도대체 말이 되니?"

그러자 뱀의 머리가 대답했다.

"꼬리야, 바보천치 같은 소리는 하지 마. 네게는 앞을 볼 수 있는 눈도 없고, 위험한 소리를 미리 알아챌 귀도 없고, 행동을 결정할 수 있는 머리도 없어. 내가 너를 끌고 다니는 건 나 자신을 위해서가 아냐. 그렇게 생각한다면 그건 큰 오해야. 나는 단지 너를 생각하기 때문에 그렇게 하는 거야."

이 말을 듣고 꼬리가 큰소리로 비웃으며 말했다.

"그따위 쓸데없는 소리는 귀가 아프도록 들어왔으니까 나를 쉽사리 설득할 생각은 아예 하지 마. 모든 독재자나 폭군이 모두 자신을 따르게 하려고 그런 핑계를 대면서 실컷 독재를 휘두르고 폭력을 행사하거든."

뱀의 머리는 하는 수 없다는 듯 꼬리에게 제안했다.

"꼬리야, 네가 정 그렇게 생각한다면, 내가 하는 일을 네가 대신 해보는 것이 어떻겠니?"

꼬리는 이 말을 듣고 몹시 기뻐하였다. 그러나 꼬리가 앞으로 나가 움직이기 시작한 지 얼마 지나지 않아 뱀은 깊은 개울로 굴러 떨어지고 말았다. 머리가 갖은 고생을 다한 끝에 겨우 도랑으로부터 기어오를 수 있었다. 그리고 또 얼마를 기어가자 꼬리는 가시덤불이 무성한 덤불 속으로 기어들어가고 말았다. 꼬리가 빠져나오려고 기를 쓰면 쓸수록 가시가 점점 더 몸을 찔렀고 속수무책이었다. 이번에도 머리가 애를 써서 뱀은 가시덤불로부터 빠져나올 수 있었지만 온몸이 상처투성이가 되었다.

꼬리는 다시 앞장서서 기어가기 시작했다. 그런데 이번에는 산불이 난 곳으로 기어들어가고 말았다. 뱀은 점점 몸이 뜨거워졌고, 갑자기 눈앞이 캄캄해졌다. 뱀은 공포에 사로잡혀 위기에서 벗어나려고 필사적으로 움직였으나 이미 때는 늦었다. 결국 몸은 불에 탔고 머리도 함께 타 죽어 버렸다. 뱀은 분별없는 꼬리 때문에 죽었다. 사람도 지도자를 택할 때에

언제나 머리와 같은 자를 택해야지, 그렇지 않고 꼬리와 같은 우둔한 자를 택하면 함께 죽게 된다.

선우와 나눈 하브루타 브레인스토밍

① 위험할 수 있다는 걸 알았어도 꼬리는 머리에게 계속 졸랐을까?

② 꼬리는 머리를 싫어 했을까?

③ 머리는 왜 꼬리말을 무시하지 않았을까?

④ 지도자가 올바르지 못하면 인재들이 제대로 자신의 기량을 발휘할 수 없을까?

⑤ 제대로 된 지도자가 갖추어야 할 것은 무엇일까?

⑥ 그것들을 갖추기 위해서 지도자들이 해야 할 노력은 무엇일까?

⑦ 우리가 알고 있는 훌륭한 지도자는 누가 있나?

⑧ 그들은 어떠한 공통적인 자질을 갖추었는가?

⑨ 훌륭한 지도자들은 아랫사람들이 불만이 있을 때 어떻게 대처할까?

⑩ 누구나 지도자가 되고 싶은 걸까?

⑪ 정치인들은 왜 그렇게 이기고 싶어 할까?

⑫ 대통령이 되면 행복할까?

⑬ 리더의 모습도 변화한다. 지금 리더와 미래리더는 어떻게 다를까?

-2-

호랑이와 곶감, 제발 오해하지 마!

어수룩한 호랑이가 엄마와 아기의 대화를 듣다가 곶감에 대해 오해를 하면서 생기는 이야기이다. 대화를 하다 보면 많은 경우에 오해가 생기기도 하고 잘못된 판단으로 이어지는 경우가 많다. 잘못된 판단으로 인해 결국 원하지 않는 전혀 다른 결과가 나올 수도 있는 것이다.

창업현장에서도 정확한 판단력은 두말 할 필요 없이 중요하다. 그 판단에 따라 기업이 성장하는 기회를 맞기도 하고 실패하는 계기도 되기 때문이다. 그렇다면 제대로 된 판단을 할 수 있으려면 어떻게 해야 할까? 어느 날 갑자기 판단력이 생기지는 않을 것이다. 그렇기 때문에 어릴 때부터 작은 판단을 해보는 연습이 필요한 건 아닐까? 어수룩한 호랑이를 만나게 된다면 어떤 조언을 해주면 좋을까?

어처구니없는 오해와 판단으로 고생을 해야 했던 어수룩한 호랑이를 만나보자.

* * *

옛날 옛날, 어느 깊은 밤에 아기가 울고 있었다. 엄마가 아기를 아무리 달래보아도 아기는 울음을 그치질 않았다.

"아가야! 여기 꿀떡 있다. 이거 먹을까?"

그래도 아기는 울음을 그칠 생각을 하지 않았다.

"으앙, 으앙!"

아기가 울음을 그치지 않자 엄마가 아기에게 무서운 호랑이가 왔으니 울음을 그치라고 이야기했다.

"아가야. 어흥! 호랑이가 왔다! 얼른 울음을 그치렴."

그래도 아가는 울음을 그치지 않고 더 크게 울어대는 것이었다. 때마침 배고픈 호랑이가 소를 잡아먹으려고 왔다가 이 말을 들었다.

"아니, 내가 온 것을 어떻게 알았지?"

호랑이는 엄마와 아기의 울음소리에 귀를 기울였다.

"아가, 엄마가 곶감 줄까?"

엄마가 곶감을 준다는 말에 아기가 울음을 뚝 그쳤다. 호랑이는 그 소리를 듣고 자기보다 곶감이 더 무서운 놈이라고 생각하여 곶감에게 잡아먹히기 전에 얼른 도망가야겠다고 생각했다. 호랑이는 도망을 가려다가 잠시 멈추고 이왕 온 김에 소라도 잡아가야겠다고 생각하고 외양간 안으로 들어갔다.

마침 그때, 소 도둑이 소를 훔치려고 집 안으로 들어왔다. 소 도둑은 어두컴컴한 외양간을 더듬다가 호랑이가 소인 줄 알고 그 등에 올라탔다. 호랑이는 깜짝 놀랐다.

"이게 뭐지? 나를 무서워하지 않다니. 이놈은 분명 곶감인가보다!"

호랑이는 곶감에게 잡힌 것이라 생각하고 마구 뛰었다. 소 도둑은 호랑이 등에서 떨어지지 않으려고 온 힘을 다해 꽉 매달렸다. 호랑이는 곶감을 떼어내려고 밤새도록 달리고 달렸다.

선우와 나눈 하브루타 브레인스토밍

① 아가의 아빠는 왜 등장하지 않을까?

② 소도둑은 이제부터 아기의 집에 다시는 오지 않았을까? 그동안 도둑질을 해서 벌을 받았다고 생각하지 않았을까?

③ 무엇인가를 착각해서 낭패를 본 적이 있는가?

④ 사람들은 왜 착각하게 될까? 무엇이 문제일까?

⑤ 우연히 좋은 일이 생겨서 기분 좋았던 적은 있는가?

⑥ 아기가 곶감을 준다고 하니 울음을 그친 것처럼 아주 힘든 상황에서도 나를 웃을 수 있게 하는 것은 무엇일까?

⑦ 이 세상에서 내게 가장 소중한 것은 무엇일까?

⑧ 정확한 판단력은 어떻게 생기는 것일까? 정확한 판단을 하면 좋은 것은 무엇일까? 나는 오늘 어떤 일을 판단하고 결정했나?

⑨ 오늘 했던 판단과 결정 중에 잘했다고 생각하는 판단은 무엇인가?

⑩ 오늘 했던 판단과 결정 중에 잘못했다고 생각하는 판단은 무엇이고, 다시 판단하게 된다면 어떻게 바꾸고 싶은가?

- 3 -

아버지와 아들과 당나귀, 자기 생각이 필요해!

아버지와 아들이 당나귀를 팔기 위해 당나귀를 끌고 장으로 가면서 생기는 이야기이다. 아버지는 사람들이 하는 얘기를 들으며 아들과 둘이서 당나귀를 타고도 가보고, 아들만 태우고 가기도 하고 본인만 타고 가보기도 했다. 그러다가 결국 아들과 함께 당나귀를 짊어지고 가보기도 한다. 아버지가 주변 사람들의 이야기를 들으며 기준 없이 이랬다저랬다 하긴 했지만 당나귀를 팔기 위해 장으로 가는 목적은 잃지 않았다.

우리는 세상을 살아가면서 많은 경험과 시행착오를 거친다. 우리의 핵심가치를 잃지 않는다면 수많은 조언에 귀를 기울이고 방향전환을 통해 최선의 방법을 찾는 것은 너무도 장려할 일이다.

아버지는 이런 경험을 몸소 했으므로 가장 좋은 방법을 찾았을 가능성이 높고, 자기주관의 필요성을 느껴 앞으로는 다른 사람의 말은 적당히 필요한 부분만 들어야겠다고 판단했을 수도 있다. 만일 이 글에 등장하는 아버지와 아들 그리고 아버지를 비웃는 사람을 만나게 된다면 어떤 이야기를 해주고 싶은가?

* * *

어느 무더운 여름날, 아버지와 아들이 당나귀를 끌고 장에 가고 있었다. 그 모습을 보던 지나가는 사람이 말했다.

"이 사람아. 일을 시키지도 않을 당나귀는 뭐 하러 길렀소? 당나귀는 타고 가면 편할 것을 왜 아무도 타지 않고 가는 것이오?"

아버지는 그 사람 얘기가 맞는 듯하여 당나귀의 등에 아들을 태우고 가고 있었다. 그런데 그렇게 한참을 가다가 만난 사람이 이렇게 말하는 것이었다.

"아이고 세상에, 늙은 아버지는 걸어가고 젊은 아들이 당나귀를 타고 가네. 이런 나쁜 아들이 있나? 쯧쯧쯧."

그 말을 듣던 아버지는 그 사람 말이 맞는 것 같아서 아들을 당나귀 등에서 내리게 하고 아버지가 당나귀를 타고갔다. 한참을 가고 있는데 지나가던 아낙네들이 혀를 끌끌 차며 이야기를 하는 것이었다.

"세상에 저런 매정한 아버지가 다 있네. 이렇게 더운 날씨에 자기만 편히 당나귀를 타고 가고 아들은 걸어가게 하다니!"

아버지는 그 아낙네의 말이 맞는 것 같아 당나귀의 등에 아들과 함께 타고 가기로 했다. 그렇게 둘이 당나귀를 타고 가다가 사람들 한 무리를 만났다. 그 사람들은 아버지와 아들에게 심하게 비난의 말을 퍼부었다.

"아이고 불쌍한 당나귀! 남자 둘이 등에 탔으니 얼마나 힘들까? 고개도 제대로 들지를 못하네. 그러다가 당나귀 죽겠소. 내려서 걸어가시오."

그 말은 들은 아버지는 아들에게 말했다.

"저 사람들 말도 일리가 있구나. 힘을 합쳐 당나귀를 들고 가자꾸나."

아버지와 아들은 당나귀의 네 발을 묶은 뒤 막대기에 매달아 짊어지고 길을 걸어갔다. 그 모습을 본 사람들은 아버지와 아들을 마구 비웃었다.

"당나귀를 짊어지고 가는 꼴 좀 보게. 당나귀가 사람보다 귀한 상전인가 보네. 하하하하."

시간이 오래 걸렸으나 그들은 결국 시장에 도착해 당나귀를 팔았다.

선우와 나눈 하브루타 브레인스토밍

① 아버지는 왜 주변 사람들의 말을 다 들으려고 했을까?
② 아들은 아버지가 이랬다저랬다 할 때 왜 말리지 않았을까?
③ 아버지는 왜 아들에게 한 번도 상의하지 않고 혼자서 결정했을까?
④ 다른 사람의 의견을 들어서 더 안 좋아졌던 상황이 있었나?
⑤ 다른 사람의 의견을 들을 때 주의해야 할 것은 무엇일까?
⑥ 다른 사람에게 자신의 의견을 말해줄 때 꼭 신경 써야 할 것은 무엇일까?
⑦ 다른 사람의 말을 듣지 않고 독불장군처럼 살다가 안 좋았던 경험은 있는가?
⑧ 아버지는 앞으로 어떤 사람이 되었을까? 그것을 보고 자란 아들은 어떤 생각을 하며 자라게 될까? 결국 그들은 어떻게 갔을까?
⑨ 다음 번에 이런 상황이 생긴다면 아버지와 아들은 어떻게 할까?

맥아더장군의 걸작

'맥아더 장군의 걸작'이라고도 불리는 인천상륙작전은 크게 성공했다. 유엔군 사령관 맥아더 원수는 전선을 처음 시찰한 6월 29일에 이미 인천상륙작전을 구상했다고 한다. 당시 유엔군의 전선 곳곳이 무너지고 있는 상황이었다. 그는 배후에서 상륙작전을 감행하는 것이 최선이라고 생각했다.

그러나 인천상륙작전은 강력한 반대에 부딪혔다. 간만의 차가 심해 대규모 상륙작전을 하기에 부적절하다는 것이었다. 계산해보면 당시 9월 한 달간 겨우 3일, 게다가 아침과 저녁 각각 3시간씩밖에 없었다.

그러나 결국 인천상륙작전은 실시되었다. 9월 15일 새벽, 유엔군은 인천을 탈환했다. 그리고 10월이 되기 전에 서울까지 완전히 탈환하는 데 성공했다. 한국전쟁을 유엔군의 승리로 이끈 시발점이 된 인천상륙작전을 계획한 맥아더 장군이 유대인이다. 다양한 관점으로 바라보고 다양한 시각을 갖게 해주고, 당연하게 여겨지는 것도 뒤집어서 생각하게 해주는 유대인의 교육이 이런 판단력을 길러주는 것이 아닐까?

-4-

다섯 부류의 사람들, 의사결정의 중요성

우리는 순간순간 수많은 선택의 상황에 놓이게 된다. 그러나 모든 상황에서 옳은 의사결정을 하기란 쉽지 않다. 그렇다면 좀 더 나은 의사결정을 하기 위해서는 어떤 방법이 필요할까?

나의 경험을 보자면 여러 사람과 함께 토론하여 의사결정을 하는 경우에 좀 더 좋은 결정을 내릴 수 있었다. 모든 것을 나 혼자 판단하기보다는 여러 사람의 의견을 들어보고 함께 정보를 모은 후 결정하면 내가 미처 생각하지 못했던 부분을 알게 되는 경우도 있고 간혹 그중에는 전문가가 있기도 했다.

좀 더 나은 의사결정을 하기 위한 좋은 방법은 무엇일까?

* * *

한 척의 배가 항해를 하고 있었다. 그때 갑자기 폭풍우를 만나 파도에 밀려 배는 항로를 잃고 말았다. 아침이 되자 바다는 다시 조용해졌고, 멀리 아름다운 포구가 있는 섬이 보였다. 섬으로 다가가 포구에 닻을 내렸고 그곳에 잠시 머무르게 되었다. 그 섬에는 진귀하고 아름다운 꽃들이 만발해 있었고, 먹음직스런 과일들이 주렁주렁 달린 나무들과 온갖 새가 아름다운 목소리를 자랑하고 있었다.

승객들은 다섯 부류로 나뉘어졌다.

첫 번째 부류의 사람들은 그들이 섬에 내린 동안 순풍이 불면 배가 갑자기 떠날 것을 우려하였다. 그래서 아예 그 아름다운 섬을 구경할 생각조차 하지 않고 배가 빨리 목적지를 가줄 것만 생각하면서 배에 그대로 남아 있었다.

두 번째 부류의 사람들은 서둘러서 섬으로 내려가 감미로운 꽃향기도 맡고, 시원한 나무 그늘 아래 앉아 맛있는 과일도 실컷 따 먹으면서 기운을 되찾은 다음 즉시 배로 되돌아왔다.

세 번째 부류의 사람들은 섬에 내려가 아주 오랫동안 즐겼으나, 갑자기 순풍이 불어오는 것을 알고는 배가 떠날 것을 염려하여 허겁지겁 달려왔다.

네 번째 부류의 사람들은 순풍이 불어와 선원들이 닻을 걷어 올리는 것을 바라보면서도 서둘러 배로 돌아오지 않았고, 돛을 달려면 아직 꽤 시간이 걸릴 것이고 선장이 설마 자기네들을 놔두고 떠나겠느냐고 말하면서 그대로 그 섬에 있었다. 그러나 막상 배가 포구로부터 미끄러져 나가기 시작하자 그들은 허겁지겁 물에 뛰어들어 헤엄친 다음에야 배에 올라탔다.

다섯 번째 부류의 사람들은 섬에 내려가 그 경치에 도취되어 먹고 즐겼기 때문에 배가 출항하는 것조차 모르고 있었다. 그래서 그들 중 일부는 숲 속 맹수들에게 죽임을 당하기도 했고, 또 일부는 독이 있는 열매를 따먹어 죽은 사람도 있었다.

선우와 나눈 하브루타 브레인스토밍

① 선장이 사람들에게 시간을 정해줬으면 어땠을까? 왜 시간을 정해주지 않았을까?
② 두 번째 주류가 가장 이상적인 것 같다. 그런데 그 사람들은 다른 부류사람들에게 함께 하자고 권하지 않은 걸까?
③ 다섯 번째 부류 사람들 중 살아남은 사람들은 아직도 그 섬에서 살고 있을까? 탈출하려고 많은 시도를 하고 있을까?
④ 그 섬에는 원주민들이 없었을까?
⑤ 다섯 번째 부류 사람들은 성향이 감성적이고 자연친화적인 것 같다. 그 사람들이 섬에 남아 농사도 지으며 정착한다면 어떨까?
⑥ 다시 두 번째 섬에 또 표류하게 됐다면 가장 변화가 많을 것 같은 부류는 어느 부류의 사람들일까?
⑦ 배에 탄 사람들의 연령대는 어떨까?
⑧ 나는 과연 어떤 부류에 가까울까?
⑨ 이 배에도 선장이 있을 텐데, 선장의 책임과 의무는 무엇이고 이 배의 선장이 이행하지 못한 것은 무엇일까? 그 후 선장은 어떤 마음이었을까? 다른 좋은 의사결정 방법은 없을까?
⑩ 사람들은 왜 서로 의논하지 않았을까?
⑪ 내가 선장이었다면 어떻게 사람들을 이끌었을까?

- 5 -

금도끼 은도끼, 왜 정직해야 할까?

나무꾼이 하나밖에 없는 도끼를 연못에 빠트리면서 일어난 이야기이다. 지금은 인공지능 기술이 하루가 다르게 업그레이드되고 있다. 그러면서 한편으로 전문가들은 인공지능을 악용하는 사례가 나올 것을 걱정하기도 한다. 그래서 착한 인공지능, 나쁜 인공지능이라는 용어가 나오기도 했다. 인공지능이 착하게 쓰이며 인류를 위해 도움을 주느냐, 그게 아니라 나쁜 인공지능으로 인류에게 해를 끼치게 할 것이냐는 그것을 사용하는 사람들에게 달려 있는 것이다.

이러한 이유들로 미래 인재에게는 올바른 인성과 판단이 더 중요해지고 있다. 나무꾼은 금도끼를 자기 것이라고 말하고 싶지 않았을까? 욕심 부리지 않고 정직하게 말할 수 있었던 이유는 과연 무엇이었을까? 만일 나무꾼을 만나게 된다면 어떤 이야기를 나누고 싶은가?

* * *

옛날 어느 마을에 홀어머니를 모시고 사는 가난한 나무꾼이 있었다. 그런데 하루는 나무꾼이 열심히 나무를 하다가 그만 도끼를 연못에 빠트리고 말았다.

'풍덩!'

나무꾼은 하나밖에 없는 도끼를 물에 빠트리자 낙담하여 소리쳤다.

"아이고, 어쩌나. 하나밖에 없는 도끼를 물에 빠트렸네!"

그런데 잠시 후에 하얗고 긴 수염을 기른 신령님이 나타났다.

"나는 이 산의 산신령이다. 너는 왜 이리 슬피 울고 있느냐?"
"아이고, 산신령님! 도와주십시오. 제가 나무를 베어 팔아서 홀어머니를 모셔야 하는데 하나밖에 없는 도끼를 물에 빠뜨렸습니다."

"음. 효성이 아주 지극하구나. 잠시만 기다려보거라."

그렇게 말하고 산신령은 다시 연못 속으로 사라졌다. 잠시 후에 다시 나타난 산신령은 금으로 된 도끼를 가지고 나왔다.

"이 금도끼가 네 도끼가 맞느냐?"
"아닙니다. 신령님, 그 금도끼는 제 도끼가 아닙니다."
"그렇구나. 그렇다면 다시 찾아오겠다."

그러면서 신령님은 다시 연못 속으로 들어갔다.
한참 뒤 연못 물이 또 움직이더니, 다시 신령님이 나왔다.

"자. 이 은도끼가 네 도끼가 맞느냐?"
"아닙니다. 그 은도끼는 제 도끼가 아닙니다."

나무꾼이 말했다. 신령님은 다시 연못 속으로 들어갔다. 또 한참 뒤 연못 물이 움직이더니, 신령님이 나왔다.

"그렇다면 이 쇠도끼가 네 도끼가 맞느냐?"
"맞습니다. 산신령님. 그 쇠도끼가 제 도끼입니다."

"오, 참으로 정직하구나! 이 금도끼, 은도끼, 쇠도끼를 모두 너에게 주겠다."

그렇게 말하고 산신령은 연못 속으로 사라졌다. 효성이 지극한 나무꾼은 산신령님이 준 금도끼와 은도끼를 팔아 홀어머니와 행복하게 살았다. 이 소문을 들은 이웃에 사는 욕심쟁이가 그 연못을 찾아갔다. 욕심쟁이는 일부러 도끼를 연못에 빠뜨리고는 우는 척을 했다. 잠시 후 신령님이 나왔다.

"너는 왜 울고 있느냐?"
"산신령님, 하나밖에 없는 도끼를 연못에 빠트려서 울고 있습니다."
"그것 참 안 됐구나. 내가 네 도끼를 찾아주겠다."

그렇게 얘기하고 산신령은 연못으로 사라졌다가 나타났다.

"이 금도끼가 네 도끼가 맞느냐?"
"네! 맞습니다. 그 금도끼가 제 도끼가 맞습니다!"
"어허! 이놈 어디서 거짓말을 하느냐!"

신령님은 아무 도끼도 주지 않고 연못 속으로 사라져버렸다.

선우와 나눈 하브루타 브레인스토밍

① 하나밖에 없는 도끼를 잃어버렸을 때 착한 나무꾼의 심정은 어떠했을까?

② 나무꾼은 금도끼와 은도끼를 자기 것이라고 말하고 싶은 마음이 들진 않았을까?

③ 산신령은 왜 나무꾼을 시험했을까?

④ 나는 내 물건이 아닌데 내 것이라고 하고 싶었던 적은 없었는가?

⑤ 욕심 때문에 더 손해 본 적은 없었는가?

⑥ 정직은 왜 필요할까?

⑦ 사람들이 모두 정직하지 않다면 세상은 어떻게 변할까?

⑧ 정직하게 산다는 것과 정직하게 살지 않는다는 것은 무엇일까?

⑨ 거짓말을 했거나 잘못을 저질렀을 때 솔직하게 용서를 구하면 용서를 받을 수 있을까?

⑩ 시대가 바뀌어도 계속되어야 하는 가치는 무엇일까?

⑪ 그러한 가치는 누가 만드는 것인가?

남과는 다르게 되어라
- 최고에는 순서가 있지만 다름에는 순서가 없다

하브루타교육협회의 원로로 계신 유태영 박사의 이야기이다. 유태영 박사는 이스라엘의 선진 농법을 배워 우리나라에 전파하는 데 힘을 쏟기도 했다. 우리나라 1970년대의 새마을운동이 바로 이스라엘이 '키부츠' 성공사례를 한국에 적용한 것이기도 하다.

유태영 박사가 이스라엘 유학시절 유대인 가정을 방문했을 때의 일화이다. 어린 딸이 밖에서 놀다 들어왔는데 표정이 시무룩했고 그 부모는 무슨 일이 있었는지 딸에게 물었다고 한다.

"친구 집에 갔는데, 친구는 피아노를 잘 치는데 나는 피아노를 못 치잖아."

그 아이의 말에 그 부모는 이렇게 이야기했다.

"그 아이는 피아노를 잘 치지만 너는 피리를 잘 불잖니?"

이 말에는 어떤 가르침이 있는 것일까? 바로 '모든 것을 잘할 필요는 없어. 네가 좋아하는 것, 하고 싶은 것을 열심히 하면 돼.'이다.

우리나라 학생들의 대부분은 입시에 성공하기 위해 내신을 잘 받아야 한다고 생각한다. 그렇게 되려면 전 과목을 다 좋은 점수를 받아야 한다. 모두 만점짜리로 만들려니 아이들은 버겁고 스트레스를 받을 수밖에 없다. 옆 짝꿍도 이겨야 하고 밟고 넘어서야하는 경쟁자인 것이다. 이렇게 최고만을 강조하며 아이들을 극한상황으로 내몰고 있다.

'최고에는 순서가 있지만 다름에는 순서가 없다.'

최고가 아니라 다르게 키우는 것이 유대인의 자녀교육 방향이다. 그런 교육의 결과 노벨상 수상자, 글로벌 대기업, 언론계의 대부, 세계최고의 부자가 되어 세계를 주도하게 된 것이다.

THE
7 SECRETS
OF FUTURE
LEADER

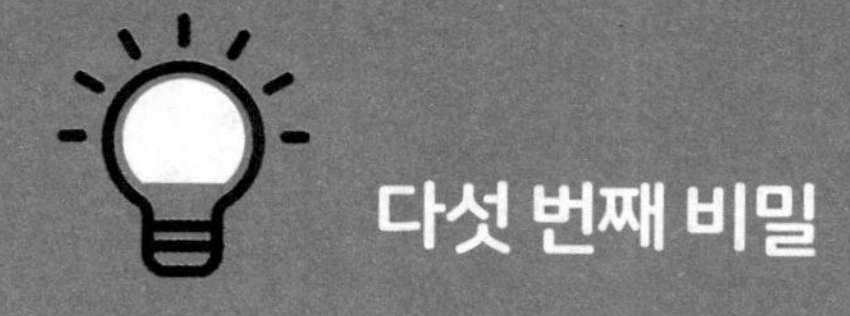

다섯 번째 비밀

더 나은 해결책을 찾는 커뮤니케이션 능력 하브루타

- CHECK POINT -

커뮤니케이션 능력은 왜 필요할까?

1980년대 유니세프 등 구호단체에서 인도 등 개발 도상국에 교육, 주거, 의료 등 많은 구호 활동을 진행하던 때의 이야기이다.

젊은 인도의 여인들이 매일 오후 2시경이 되면 머리에 물통을 이고 한 시간 거리를 걸어가 물을 긷고 또 한 시간 거리를 돌아오는 것이었다. 유니셰프에서는 이 여인들을 도와주기 위해서 마을 가운데에 물펌프를 만들어주었다. 큰 돈을 들이고 많은 사람들이 힘을 모아 물펌프를 만들고 있었는데 인도의 그 여인들은 오히려 그들을 향해 욕하고 돌을 던졌으며 물펌프가 완성되어도 물펌프를 이용하는 여인은 거의 없었다고 한다.

이유를 알 수 없었던 문화인류학 학자들이 이 여인들을 따라다니며 질문하고 그들의 대화를 듣고 그들과 함께 생활을 하면서 그 이유를 알아냈다고 한다.

우리가 볼 때는 그 젊은 여인들의 왕복 2시간이 노동 시간이지만 외지에서 이 마을로 시집온 며느리들에게는 시어머니로부터 해방되는 유일한 시간이고 아이들도 다섯, 여섯씩 낳기 때문에 육아로부터도 벗어나는 힐링의 시간이었던 것이다. 2시간을 오가며 같은 처지의 여인들과 수다를 떨고 시어머니 험담도 좀 하고 남편 흉도 보면서 즐거운 오락의 시간을 가졌던 것이다, 그런데 그 힐링의 시간이 없어지게 생겼으니 물펌프를 만드는 사람들에게 욕을 하고 돌을 던졌던 것이다.

물펌프를 만들기 전에 이 여인들에게 질문하고 또 이야기를 들어주며 그들을 잘 이해하는 시간을 가졌다면 사용하지도 않는 물펌프에 많은 돈을 들이는 일은 없었을 것이다. 이렇듯 인간을 이해하는 것이 얼마나 중요한 것인가를 깨닫게 되면서 인간중심의 문제해결 방법론인 디자인씽킹(Design Thinking)이 조명받고 있다

인공지능 기술을 비롯한 4차 산업혁명의 많은 첨단 기술들이 그 끝을 가늠하기 어려울 정도로 발달하면서 '인간'이라는 의미는 점점 더 중요해

지고 있다.

따라서 지금 시대의 모든 가치는 인간을 중심으로 할 때 그 의미를 가진다. 창업현장을 비롯한 모든 산업의 분야에도 마찬가지이다.

기업에서도 혁신 또 혁신을 강조한다. 혁신하지 않으면 도태된다. 오늘날의 소비자들은 자아의식 수준이 매우 높고, 선택에 민감하여 매우 변덕스럽기 때문이다. 즉 산업현장과 기업이 살아남을 유일한 해법은 고객 즉 사용자를 잘 이해하고 그들이 원하는 것을 제공하는 것이다. 그러기 위해서는 그들의 진심을 들을 수 있어야 한다. 사람들은 누구에게나 진심을 털어놓지는 않는다. 그들의 진심을 얻기 위해서는 먼저 신뢰를 얻고 이야기를 경청하며 함께 웃고 울며 그들과 진정한 커뮤니케이션을 해야만 가능한 것이다.

미래를 살아갈 우리 아이들에게 필요한 능력은 바로 진심으로 소통할 줄 아는 커뮤니케이션 능력이 아닐까?

- 1 -

황금 알을 낳는 거위, 후회하지 않으려면?

황금 알을 낳는 거위를 기르는 부부가 욕심이 지나쳐 한꺼번에 많은 황금 알을 꺼내기 위해 거위의 배를 가르게 된 이야기이다. 부부가 거위의 배를 가르기 전에 질문을 통해 충분히 대화를 했다면 어땠을까? 배를 갈랐을 때 배 속에 황금 알이 생각만큼 많지 않거나 없을 경우를 한번 생각해볼 수 있지 않았을까? 어떤 일을 결정하기 전에 다양한 경우의 수를 생각해보는 것은 문제해결력을 기르는 동시에 실패의 확률을 줄일 수 있는 방법이기도 하다.

내가 부부라면 어떻게 했을까?

* * *

어느 마을에 매일 황금 알을 하나씩 낳는 거위를 기르는 부부가 살고 있었다. 부부는 거위가 황금 알을 하나씩 낳으면 그것을 팔아서 먹을 것과 필요한 물건도 샀다. 그런데 시간이 지날수록 부부는 더 큰 욕심이 생겼다.

"아예 거위 배를 갈라보면 황금 알이 가득 있을 것 아니에요? 그걸 내다 팔면 우린 금방 부자가 될 거예요."

마침내 부부는 거위의 배를 갈랐다. 그러나 거위의 배는 황금 알이 가득 들어 있기는커녕 일반 거위의 배와 다를 바가 없었다. 두 부부는 너무 놀라서 아무 말도 할 수 없었다.

선우와 나눈 하브루타 브레인스토밍

① 부부는 황금 알을 낳는 거위를 어떻게 얻었을까?

② 거위 배를 가르기 전에 부부가 해야 했던 것은 무엇일까?

③ 섣부른 판단이나 행동으로 후회해본 적이 있나?

④ 잘못된 판단으로 행동했을 때 되돌릴 수 있는 방법은 있을까?

⑤ 후회하지 않으려면 어떻게 해야 할까?

⑥ 부부는 이 일에서 무엇을 배웠을까?

⑦ 부부는 그 이후에 어떤 인생을 살았을까?

⑧ 이 일이 부부에게 나쁜 일이라고 할 수 있을까? 그 후로 부부는 어떤 마음으로 살았을까?

⑨ 부부가 다양한 경우에 대해 생각해보았다면 배를 가르는 결정을 했을까?

⑩ 나는 이 부부와 같은 상황이라면 어떻게 했을까?

페이스북 창업자 유대인 마크 저커버그의 소통

몇 년 전 인터넷에서 기사를 보다가 내 눈을 의심한 적이 있었다. 페이스북의 창업자인 마크 저커버그의 사무실 사진이었다. 마크 저커버그가 다른 직원의 자리에 잠깐 앉은 것이라 생각했지만, 그 일반적인 책상은 바로 마크 저커버그의 것이었다.

만일 우리나라라면 어땠을까? 거대 글로벌 기업의 대표라고 한다면 아마도 위엄이 느껴지는 분위기의 집무실을 따로 쓸 가능성이 높을 것이다.

그런데 마크 저커버그는 왜 직원들과 함께 같은 공간에서 생활을 하는 것일까? 그것은 직원들과 빠르게 직접 소통하기 위함인 것이다. 반복해서 이야기하지만 지금의 세상은 너무도 빠르게 변하기 때문에 기존 거대기업의 경직된 의사결정 구조는 잘못된 의사결정으로 이어지기도 하고 기업이 부르짖는 혁신에 방해요인이 되기도 한다.

유대인인 마크 저커버그는 소통의 중요함을 알고 있기에 직원들과 함께 공간을 쓰면서 바로바로 소통을 하고 빠른 의사결정을 하는 것이다.

- 2 -

여우와 두루미, 상대를 있는 그대로 인정해!

우리는 친구나 가족 사이에서 나와 다르게 생각하거나 행동하는 경우에 나에게 맞추라고 강요하는 경우가 너무도 많다. 특히 자녀와 부모 사이에서 이런 경우는 너무도 비일비재하다. 상대적으로 부모에 비해 약자인 자녀에게 부모의 잣대로 판단하며 부모의 판단이 무조건 맞다며 가르침의 탈을 쓴 강요를 한다.

서두에서도 이야기했듯이 창업 과정에서 가장 중요한 것 중의 하나는 팀이다. 특히 창업초기기업에 투자를 하는 엔젤 투자자들은 창업자와 팀을 보고 자신을 돈을 쏟아 붓는다. 투자자는 자선사업가가 아니다. 투자

할 창업기업이 지금은 작고 미약하지만 몇 년 후에는 크게 성장하여 투자한 돈의 몇 배를 회수하려는 목적이 있는 것이다. 그렇기 때문에 엄밀히 검증을 거쳐 투자를 결정한다.

그럴 때 중요한 검증 대상중의 하나가 바로 팀빌딩이다. 그런데 팀을 이루어 유기적으로 협업하기 위해서는 협업능력이 있어야 한다. 서로 다른 분야의 사람들이 협업하고 소통하며 하나 된 마음으로 일을 해야 한다. 거기에 가장 필요한 부분이 바로 상대를 인정해주는 마음이다. 상대를 인정하고 존중할 때 제대로 된 협업이 되고 좋은 결과도 나온다. 반대로 상대를 내 기준에 맞추라고 강요한다면 그 팀은 오래가지 못할 것이다.

여우와 두루미는 서로 집에 초대하지만 서로 다름으로 인해 상처를 받고 돌아온다. 서로 다르지만 상처받지 않고 잘 지낼 수 있는 방법은 무엇일까? 만일 두루미와 여우를 만나면 어떤 이야기를 해주면 좋을까?

＊＊＊

어느 날 여우가 두루미에게 말했다.

"두루미야, 오늘 저녁 때 우리 집에 올래? 내가 맛있는 음식을 만들 거야. 함께 먹자."

"좋아!"

그날 저녁 두루미는 여우의 집으로 갔다.

"어서 와, 맛있는 수프야. 따뜻할 때 어서 먹어."

여우가 두루미에게 납작한 접시에 수프를 주었기 때문에 뾰족하고 부리가 긴 두루미는 수프를 먹을 수 없었다. 음식을 전혀 먹을 수 없었던 두루미는 화가 난 채로 집으로 돌아갔다.

며칠 뒤 두루미가 여우를 집으로 초대했다.

"오늘은 내가 맛있는 음식을 대접할게. 저녁에 우리 집으로 오렴."

그날 저녁 여우는 두루미의 집으로 갔다. 여우가 두루미의 집으로 갔을 때 부엌에서 맛있는 음식냄새가 났다. 음식냄새를 맡으니 여우는 더 배가 고파졌다. 드디어 두루미가 음식을 내왔다.

그런데 두루미는 여우에게 긴 호리병에 음식을 담아서 주었다. 여우는 가느다란 긴 호리병에 입이 들어가질 않아 결국 음식을 먹을 수 없었다.

여우는 조용히 집으로 돌아갔고 두루미는 물끄러미 그 모습을 바라보고 있었다.

선우와 나눈 하브루타 브레인스토밍

① 여우와 두루미가 서로 집에 초대하기 전에 둘 사이에 어떤 일이 있었던 것일까?

② 여우가 두루미에게 평평한 접시에 스프를 주었을 때 두루미의 마음은 어땠을까?

③ 둘은 왜 먹을 수 없으니 다른 그릇을 달라고 말하지 않았을까?

④ 여우는 왜 불평을 하거나 따지지 않고 조용히 집으로 돌아갔을까?

⑤ 여우가 조용히 집으로 돌아가는 모습을 보고 두루미의 마음은 어땠을까?

⑥ 이 일이 있은 후 둘은 다시 만났을 때 어떤 대화를 했을까?

⑦ 나는 친구 집에 초대받아서 갔을 때 불편함을 느꼈던 적이 없었나?

⑧ 친구 사이에 오해가 생겼을 때는 어떻게 풀면 좋을까? 다른 사람이 나와 맞지 않는다고 미워한 적은 없나?

⑩ 나와 다른 친구를 나에게 맞추라고 강요한 적은 없나?

⑪ 나와 다른 사람을 그 자체로 인정하려면 어떻게 해야 될까?

- 3 -

사자와 모기, 교만하지 않을 거야!

모기가 동물의 왕인 사자의 콧등을 몇 방 쏘고 나서 사자를 이겼다고 우쭐해하며 온 세상에 소문을 내며 날아다녔다.

가끔 창업자들 가운데서도 투자유치에 성공하고 기업이 성장궤도에 오르게 되어 주변으로부터 부러움과 선망의 대상이 되면 그때까지 이룬 성공이 자기만의 공인 것처럼 자만으로 가득한 경우를 보게 된다.

심지어 투자받은 돈으로 마치 대기업 CEO가 된 듯 거만하게 행동하는 경우도 있었다. 창업생태계는 거미줄처럼 네트워크가 연결되어 있다. 그

안에서 이런 창업자의 이야기는 순식간에 퍼진다. 결국 그런 창업자는 겸손하지 못하고 자기 관리를 하지 못했기 때문에 좋지 않은 평판을 받게 되고 이후 여러 활동에서 제동이 걸릴 수도 있을 것이다. 자만하지 않고 겸손한 자세는 좋은 커뮤니케이션을 위한 중요한 덕목이다.

이 이야기에 등장하는 모기가 사자 코를 몇 번 쏘고 나서 사자를 이겼다며 우쭐해서 온 세상에 소문을 내고 다니다가 거미줄에 걸리게 되었다. 만일 모기가 거미줄에서 탈출을 해서 살아난다면 어떤 얘기를 해주면 좋을까?

* * *

모기 한 마리가 사자 머리 위에서 계속 앵앵거리며 날아다니고 있었다, 사자는 그런 모기가 너무 귀찮았다.

"에이, 저리 안 가? 이 작은 모기야!"

모기는 사자의 말은 들은 척도 하지 않고 계속 앵앵거리며 말했다.

"이 사자야. 네가 동물의 왕이라고 큰소리를 치는 것이냐? 어디 맛 좀 봐라."

그러면서 사자의 콧등을 톡 쏘았다. 사자는 너무 가렵기도 하고 따갑기도 해서 몸부림을 치며 버둥버둥거렸다. 그러다가 날카로운 발톱이 있는 자기 발로 제 몸 여기저기에 상처를 내고 말았다.

"이 모기 녀석, 잡히기만 해봐라!"

사자는 점점 화가 났다.

"아직도 정신을 못 차리셨군. 어디 맛 좀 봐라."

모기는 사자의 콧등을 한 번 더 쏘고 난 뒤 우쭐해 자기가 사자를 이겼다고 온 세상에 소문을 내기 위해 신나서 앵앵거리며 날아다녔다. 그러다가 그만 거미가 쳐놓은 거미줄에 걸리고 말았다. 너무도 억울한 모기는 소리쳤다.

"아, 동물의 왕 사자를 이긴 내가 이렇게 거미에게 잡아먹힐 줄이야!"

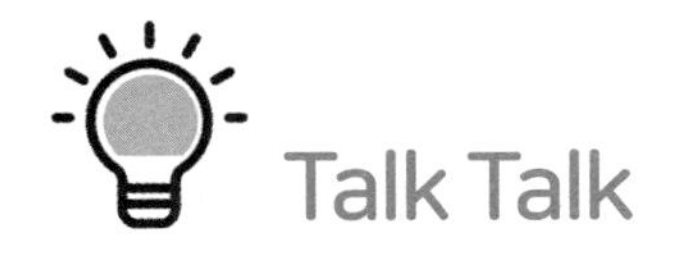

선우와 나눈 하브루타 브레인스토밍

① 모기가 사자를 이긴 것이라고 할 수 있을까?

② 그럼 결국 거미가 사자보다 더 센 동물이라고 말할 수 있는 것일까?

③ 내가 친구보다 수학문제를 더 빨리 푼다고 해서 내가 친구보다 훌륭하다고 볼 수 있을까?

④ 내가 친구보다 잘하는 것은 무엇이 있을까?

⑤ 누군가에게 이겼을 때 자만심을 갖지 않으려면 어떻게 해야 할까?

⑥ 모기가 사자를 이겼다고 자만하지 않고 신중하게 행동했다면 나중에 어떻게 되었을까?

⑦ 내가 모기라면 거미줄에 걸렸을 때 그냥 목숨을 포기할까? 아니면 거미에게 협상을 시도했을까? 협상을 했다면 어떤 내용으로 협상을 했을까?

⑧ 내가 거미라면 모기가 나에게 어떻게 제안하면 모기를 살려줄 수 있을까?

⑨ '벼는 익을수록 고개를 숙인다'는 속담의 교훈은 무엇일까?

⑩ 모기가 사자를 꼭 이기고 싶었던 이유는 무엇일까?

⑪ 그동안 모기는 마음속으로 사자를 어떻게 생각하고 살아왔던 것일까?

⑫ 모기가 거미줄에서 살아난다면 어떤 말을 해주고 싶은가?

선임병과 토론하고 논쟁하는 유대인 군대문화

유대인은 군대 문화 또한 독특하다. 시대가 많이 변했지만, 군대는 여전히 가장 경직되어 있는 조직인 것은 부인할 수 없다.

유대인들은 군대에서도 끝도 없이 토론하는 하브루타가 이루어진다. 이해가 되지 않는 것은 이해가 될 때까지 선임병과 토론하고 논쟁한다. 평상시에는 사소한 일로도 토론과 논쟁을 벌이지만 막상 전쟁이 일어나면 정예의 군대로 하나가 되어 전쟁에 임하고 하브루타로 단련이 되었으므로 다양한 전략과 전술의 구사로 전쟁에서도 거의 지는 일이 없다고 한다.

이스라엘은 언제 전쟁이 발발할지 모르는 전시상태라고 한다. 그래서 휴가를 갈 때도 총을 들고 나가며 심지어 실탄까지 가지고 나가는데, 총기 사고는 거의 일어나지 않는다고 한다. 총을 가지고 휴가를 나오기까지 군대 내에서 끝도 없는 대화와 토론으로 총을 휴대하지만 안전하게 휴가를 다녀와야 하는 이유와 그렇게 하기 위해서는 어떻게 해

야 하는지를 하브루타를 통해 스스로 생각하고 깨닫게 하는 것이다.

상명하복의 가장 경직된 조직인 군대에서조차 자유로운 소통이 이루어지는 모습에서 우리도 소통의 중요성을 다시 한 번 생각해보아야 할 것이다.

- 4 -

시골 쥐와 서울 쥐, 남을 너무 부러워할 필요는 없어!

서울 쥐와 시골 쥐가 서로의 집을 방문하며 생기는 이야기이다. 서울 쥐는 초라하고 먹을 것도 별로 없는 시골이 불편했고, 시골 쥐는 먹을 것은 많지만 언제 잡힐지 몰라 마음 졸이며 살아야 하는 서울이 불편했다.

만일 서울 쥐와 시골 쥐가 서로에게서 내가 사는 곳에 적용할 만한 것들을 찾아 벤치마킹해보려고 한다면 어떨까? 중국의 샤오미는 기업 초기에는 '짝퉁'이라는 이미지로 인식이 좋지 않았지만 지금은 그 벤치마킹으로 우버(Uber), 에어비앤비(Airbnb)와 어깨를 나란히 하며 삼성을 위협하는 존재로 성장하고 있다. 제품에 대한 벤치마킹뿐만 아니라 기업운영

방식, 마케팅방식 등에서도 성공한 기업을 벤치마킹하는 것은 그만큼 실패 확률을 줄이는 길이다.

서울 쥐와 시골 쥐가 불편한 점을 생각할 것이 아니라 충분한 대화를 통해 우리집에 적용해볼 것들을 찾아보았다면 어땠을까? 서로의 집은 불편하고 우리 집만 최고라고 생각하는 두 쥐를 만난다면 어떤 이야기를 해주면 좋을까?

* * *

도시에 살고 있는 서울 쥐가 시골에 살고 있는 시골 쥐의 초대를 받았다. 시골 쥐가 살고 있는 집은 초라한 시골집이었다. 먹을 것도 콩이나 보리 같이 농부가 수확하고 남은 것을 산이나 밭에서 주워온 것뿐이었다. 그렇지만 시골 쥐는 서울 쥐를 정성을 다해 대접했다. 얼마 뒤 서울 쥐가 시골 쥐를 초대했다.

"내가 멋진 서울을 구경시켜주지."

서울 쥐는 서울에 사는 것이 자랑스럽다는 듯이 말했다. 서울 쥐의 집에 온 시골 쥐는 깜짝 놀랐다. 서울 쥐의 집은 으리으리하게 크고 웅장했으며 케이크, 치즈, 햄, 빵 등 그동안 구경도 못했던 맛있는 음식이 어마어마하게 많았기 때문이다.

"자, 이런 음식은 처음이지? 실컷 먹으렴."

서울 쥐는 의기양양하게 말했다. 한참 맛있는 음식을 먹고 있는데 갑자기 사람이 나타났다.

"뭐야! 이놈의 쥐가 또 음식을 훔쳐 먹고 있었네. 저리 가지 못해!"

갑작스럽게 나타난 인간에게 쫓기느라 서울 쥐와 시골 쥐는 혼이 쏙 빠지도록 도망을 다닐 수밖에 없었다. 이리저리 뛰어다니다가 사람이 놓은 쥐덫에 걸릴 뻔하기도 했다. 겨우겨우 도망을 친 서울 쥐는 한숨을 돌리며 시골 쥐에게 말했다.

"가끔 인간이 나타나긴 하지만 먹을 것이 남아도니 자주 놀러와!"

하지만 시골 쥐는 이렇게 말했다.

"먹을 게 많으면 뭐해? 사람이 나타나서 잡힐까 봐 걱정하고 쥐덫에 걸릴까 봐 걱정하면서 살고 싶진 않아. 먹을 것도 별로 없고 집도 보잘것없지만 시골에 있는 우리 집이 최고인 것 같아."

시골 쥐는 서둘러서 짐을 챙겨 시골집으로 돌아갔다.

선우와 나눈 하브루타 브레인스토밍

① 시골과 서울의 좋은 점과 불편한 점은 어떤 것이 있을까?

② 서울 쥐가 그렇게 위험한 서울에서 사는 이유는 무엇일까?

③ 더 넓고 좋은 집에 사는 친구 집에 가면 기분이 어떤가?

④ 친구 부모님은 장난감을 사주는데, 우리 엄마는 사주지 않아서 친구가 부러웠던 적이 있었나?

⑤ 부러워했던 친구의 부모님이 나의 부모님이 된다면 나는 행복할까?

⑥ 내가 가진 것 중에서 그 어떤 것과도 바꿀 수 없이 소중한 것은 무엇인가? 두 쥐가 사는 곳의 좋은 점은 각각 무엇일까? 두 쥐가 서로에게 배울 점이 있다면 무엇일까?

⑩ 두 쥐가 서로 사는 곳의 좋은 점을 찾아보고 서로의 집에 가져와서 적용해볼 수 있는 것은 무엇이 있을까?

⑪ 내 친한 친구가 나에게 좀 배웠으면 하는 것은 무엇인가?

⑫ 친구에게도 배울 것이 있을까?

⑬ 친구에게서 배우는 것은 부끄러운 것일까?

⑭ 내가 친구에게서 배울 수 있는 것이 있다면 어떤 것일까?

- 5 -

마부와 헤라클레스,
도움을 청하기 전에 스스로 해보기!

마부는 마차가 진흙 속에 빠져 꿈쩍도 하지 않게 되자 스스로 노력은 하지 않고 신에게 도와달라고 기도부터 드린다. 부탁을 할 때에도 적절한 소통의 기술이 필요하다. 스스로 노력을 해보고 그 노력을 잘 어필하며 부탁을 해야 상대의 마음을 움직일 수 있다.

세상을 살다 보면 마부와 같은 사람을 종종 만나게 되는데 절대로 가까이 하고 싶지 않은 사람이다. 이런 사람과 함께 일을 할 때 문제는 더 심각해진다. 열심히 일하는 사람마저도 기운 빠지게 만드는 사람이다. 그래서 이런 사람에게는 주변에 친구가 없다. 협업의 중요성이 더 큰 시대에 이런 사람은 기피 대상이다. 나는 이러한 경험은 없었는가? 마부를 만나게 된다면 어떤 이야기를 해주면 좋을까?

* * *

마부 한 사람이 짐을 가득 실은 마차를 몰며 시골길을 달리고 있었다. 길은 전날 내린 비로 엉망진창이었다. 얼마쯤 갔을까? 마차가 한쪽으로 기울어지더니 움직이지 않았다. 마부는 고개를 쭉 빼고 바퀴를 살펴보았다. 생각했던 대로 한쪽 바퀴가 진흙 속에 푹 빠져 있었다. 마부는 말을 달래보기도 하고, 말 엉덩이를 채찍으로 때려도 보았지만 말은 제대로 힘을 쓰지 못했다. 아무리 애를 써도 진흙 속에 빠진 마차는 꿈쩍도 하지 않았다. 마부는 자신의 옷이 더럽혀질까 봐 진흙탕에 뛰어들 생각은 눈곱만큼도 하지 않고 애꿎은 말만 닦달했다. 그래도 소용이 없자 마부는 헤라클레스에게 기도를 올렸다.

"오오, 제우스 님과 아름다운 알크메네 님의 아들이여, 그리스 최대의 영웅 헤라클레스 님이시여. 그 이름의 뜻이 헤라 여신의 영광인 천하장사시여! 부디 어려움에 빠져 있는 저를 불쌍히 여기어 도와주십시오!"

기도를 끝마쳤을 때 하늘 높은 곳에서 헤라클레스의 목소리가 들렸다.

"내가 땅으로 내려가면 너는 손 하나 까딱 않고 천하장사인 내게 모든 일을 다 맡길 셈이지? 천하에 못된 놈 같으니! 나는 본래 스스로 돕는 사람을 돕나니 지금 당장 마차에서 내려 마차 위에 실려 있는 짐을 내리고 마차를 진흙탕에서 꺼내어라! 어서!"

선우와 나눈 하브루타 브레인스토밍

① 마부는 평소에 어떤 생활습관을 가진 사람일까?
② 마부가 스스로 노력을 했다면 헤라클래스가 도움을 주었을까?
③ 헤라클래스는 마부에게 어떤 가르침을 준 것일까?
④ 나는 어려움에 부딪쳤을 때 스스로 해결하려고 먼저 노력하는가?
⑤ 처음엔 누군가의 도움이 필요한 일로 보였는데 노력하다 보니 스스로 해결했던 경험이 있는가?
⑥ 내가 헤라클헤스라면 마부에게 어떤 말을 해줄 것인가?
⑦ 내가 누군가에게 도움을 줄 수 있는 상황일 때 무조건 도와주는 것이 그를 위한 일일까?
⑧ 어려움에 처한 사람을 진심으로 위하는 길은 무엇일까?
⑨ 스스로 일을 해냈을 때 어떤 생각이 들었는가?
⑩ 이 마부는 이 일 후에 어떤 생활습관을 가지면 좋을까?

천국의 식탁이라 불리는 유대인 안식일 식탁

정통파 유대인들은 금요일 해가 질 무렵부터 토요일 해가 질 무렵 하루 동안 안식일을 갖는다. 이 시간 동안 준비해놓은 음식을 먹으며 토라와 탈무드와 가족의 일상에 대해 대화하는 시간이다.

유대인들은 안식일에 어떠한 일도 하면 안 되기 때문에 정통파의 경우에는 안식일 밤 일정 시간이 되면 불을 꺼주러 다니는 비유대인을 고용하기도 한다. 안식일의 모든 시간을 신의 말씀을 이야기하고 가족의 이야기에 귀 기울이는 것에 집중하는 데 쓴다.

일주일 중 하루를 온전히 대화와 토론으로 시간을 보내다 보니 가족들은 자신들의 일상에 대한 이야기도 자연스럽게 많이 하게 된다. 그래서 예를 들어 아버지 회사에서 아버지를 괴롭히는 상사가 누구인지 아이들도 모두 알고 있다고 한다. 그러다 보니 아이들도 학교 선생님들과 친구들 이야기를 스스럼없이 하게 된다. 그렇게 부모와 자녀 사이의 수많은 대화를 나누다 보니 소통이 되고 신뢰가 쌓인다.

최근 우리 사회에는 소통의 부재로 인해 생긴 수많은 문제로 가득하다. 줄어들지 않는 학교폭력, 외로운 노인문제, 집단 이기주의, 가정폭력….

우리 가정에도 질문하고 대화하고 토론하고 논쟁하는 하브루타가 이루어진다면 이러한 소통의 문제는 많은 부분이 해결될 것이라고 생각한다. '자녀와 대화하고 싶다면 아이의 친구가 돼라'는 유대인 격언이 있다. 아이들이 어릴 때는 부모에게 쫑알쫑알 모든 이야기를 한다. 그러다가 점점 자라면서 중요한 이야기나 속이야기는 친구에게 한다. 자녀에게 지시만 하는 어른이 아닌 속이야기를 털어놓을 수 있는 친구가 되어보면 어떨까?

-6-

3명의 친구, 누가 나의 진정한 친구인가?

우리는 세상을 살면서 정말 다양한 친구를 만나게 된다. 나도 창업생태계에서 활동하면서 수많은 사람을 만나고 친구를 만들기도 한다.

창업자는 창업 과정에서 다양한 포인트의 문제에 봉착하게 되는데, 어떤 창업자는 아이디어, 어떤 창업자는 마케팅, 또 어떤 창업자는 자금이 문제일 수도 있다. 그러나 창업 또는 기업가 정신 교육하는 사람이 모든 분야를 꿰뚫어 알 수 있는 것은 아니기 때문에 창업자에게 필요한 멘토를 연결해주는 능력이 가장 큰 능력 중 하나이기도 하다. 어떤 멘토를 만나느냐에 따라 창업자의 사업의 결과가 전혀 다르게 나올 수 있기 때문이다. 그렇기 때문에 기업가 정신 교육자는 각 분야의 많은 능력 있는 멘토와의 네트워킹이 필수인 것이다. 그렇게 많은 사람들과 네트워킹을 하다 보면 그 과정에서 마음이 통한다는 생각이 드는 사람이 있다. 그런 사람과는 나이를 떠나 친구가 되기도 하고 프로젝트를 함께 하기도 한다. 그런데 그런 친구들 중에서도 시간이 지날수록 마음이 가고 믿음이 가는 친구가 있는가 하면 어떤 친구는 처음 보았던 좋은 모습은 사라지고 날이 갈수록 실망스러운 경우가 종종 있다.

이는 비단 창업 생태계 안에서만의 일은 아니다. 살다 보면 어느 곳에서나 흔히 있는 문제이기도 한 것이다. 그렇다면 어떤 친구가 진정한 친구일까? 내가 사람을 잘못 보았다고 생각했을 때는 어떻게 하면 좋을까?

이야기에 등장하는 백성을 만나면 어떤 조언을 해주고 싶은가?

* * *

옛날 어떤 왕이 백성 한 사람에게 사자를 보내 곧 입궁하라는 명령을 내렸다. 그에게는 3명의 친구가 있었다. 첫 번째 친구는 아주 친하게 지내는 친구이고, 두 번째 친구는 처음 친구처럼 그렇게 친하게 지내는 사이는 아니지만 가까운 친구라고 생각한 사람이었다. 세 번째 친구는 친구이기는 하지만 그다지 가까이 지내는 사이는 아니었다.

그 사람은 왕의 사자가 왔으므로 무엇인가 문책을 받을 것이 분명하다고 생각했다. 곰곰이 생각하던 그는 두려운 마음에 세 친구에게 동행을 해달라고 부탁하기로 했다. 그는 평소 가장 친하게 지내던 친구에게 부탁을 했으나 친구는 냉담하게 거절했다. 두 번째로 친하다고 생각한 친구는 황궁 문 앞까지만 같이 가주겠다고 말했다. 그러나 대단하지 않게 생각했던 세 번째 친구는 이렇게 말했다.

"같이 가세. 자네는 아무 잘못도 없을 테니 나와 함께 임금님을 만나러 가세."

선우와 나눈 하브루타 브레인스토밍

① 이 백성의 직업은 무엇이었을까?

② 왕의 사자가 문책할 것이라고 생각했다는 것은 본인이 뭔가 잘못을 저질렀다는 것인가?

③ 아무 죄도 없는 백성도 문책하는 포악한 왕인 것인가?

④ 첫 번째 친구는 그동안 백성이 부탁했던 일들은 잘 도와주었을까?

⑤ 가장 친한 친구가 거절했으면 덜 친한 친구들도 거절할 것이라는 생각은 안 했을까?

⑥ 모두에게 물어봐서 이참에 진정한 친구를 알아보려는 생각이 깔려 있었을까?
⑦ 세 번째 친구는 친하지도 않은데 왜 위험을 감수하며 따라 나선다고 했을까?
⑧ 세 번째 친구는 왕과 친분이 있는 사람이라서 자신 있게 따라 나선다고 한 건 아닐까?
⑨ 친한 친구가 부탁한 것을 거절해본 적이 있나? 친구의 부탁을 들어주고 잘 했다고 생각한 때는 언제인가? 친구의 부탁을 들어주고 후회했던 적은 있나? 친구의 부탁을 거절하고 나서 그 친구와 어떻게 되었는가? 친구의 부탁을 들어주고 그 친구와 어떻게 되었는가? 이제 친구가 어려운 부탁을 한다면 어떻게 할 것인가?
⑩ 세 번째 친구는 함께 가주겠다고 말해놓고 후회하진 않았을까?
⑪ 세 친구 중 누가 가장 잘했다고 생각하는가?
⑫ 세 번째 친구를 데려가서 과연 도움이 되었을까?
⑬ 백성은 왜 3명의 친구밖에 없었을까?
⑭ 왕은 폭군이었을까? 사자를 보냈다고 하자 백성이 문책받으리라 생각한 이유는 무엇일까?
⑮ 첫 번째 친구는 왜 친하면서 거절했을까?
⑯ 백성이 생각하는 '가장 친하다고 생각하는 기준'은 무엇일까?
⑰ 세 번째 친구는 진심으로 함께 가고 싶었을까?
⑱ 세 친구 말고도 백성이 생각하지도 못한 진정한 친구가 또 있지 않을까?

하브루타 대왕,
세종대왕

세계 문자 중 만든 사람과 반포일과 글자를 만든 원리까지 알려져 있는 것은 훈민정음이 유일하다. 백성이 글자를 몰라 억울한 일을 당하는 일이 허다한 것을 알고 세종은 백성이 쉽게 읽고 쓸 수 있도록 학자들과 함께 훈민정음을 만들었다.

백성을 지극히도 아끼고 사랑했던 세종은 백성의 삶이 조금이라도 편리해질 수 있도록 노비인 장영실과 함께 해시계 측우기 혼천의 자격루 등 수많은 과학적인 발명품을 만들었다.

당시 단 7일뿐이었던 관비의 출산휴가를 100일로 늘렸고 남편에게도 출산휴가를 주었다. 처녀조공을 없애기 위해 명나라에 끊임없이 요청했고 결국 세종 12년이 되던 해에 명주, 인삼 등으로 처녀조공을 대신하게 되는 쾌거를 이루기도 한다.

세종은 참으로 백성을 사랑했던 왕이었고, 혁신적인 인물이기도 했다. 그러나 혁신은 왕의 독단으로는 이루어질 수가 없다. 세종이 아무리 좋은 생각이 있더라도 신하들이 반대하면 그 일은 이룰 수 없기 때문이다. 그래서 세종은 그 신하들과 소통하기 위해서 질문을 하기 시작했다.

"경의 생각은 어떠시오?"

이 질문을 시작으로 세종은 신하들과 토론하는 문화를 만들었다. 세종이 신하들과 토론하면서 가장 많이 했던 말은 '그 뜻이 좋다'는 것이었다. 비판하는 의견을 내더라도 그 뜻을 칭찬한 것이다.

아이와 하브루타를 하다 보면 질문의 수준이 기대에 미치지 못할 때도 많다. 그러나 아이들의 어떠한 질문도 비판하거나 수준이 낮다고 비하해서는 안 된다. 그러면 아이는 자신감을 잃고 다음부터는 비판받을 것이 두려워서 마음껏 질문을 던지지 못할 것이다.

'그것도 좋은 질문이네! 그런데 또 다르게 생각해보면 어떨까?'

이렇게 칭찬을 던지며 다른 각도로 생각해볼 수 있도록 기회를 만들어주어야 한다.

세종은 늘 질문을 던지고 토론을 통해 신하들과 소통하며 하브루타를 하는 왕이었다.

THE 7 SECRETS OF FUTURE LEADER

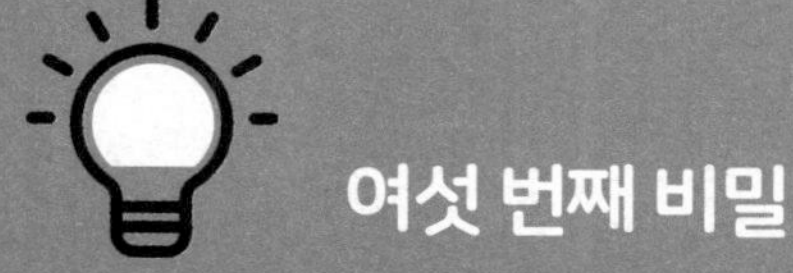

여섯 번째 비밀

행복하고 올바른 삶을 살게 하는 지혜 하브루타

- CHECK POINT -

지혜는 왜 필요할까?

유대인의 지혜에 관한 이야기 중에 나치가 유대인을 지배하던 시대의 이야기가 하나 있다. 나치는 유대인을 관리하기 위하여 신분증을 발급해줬다. 일제 강점기에 일제가 우리 민족에게 창씨개명을 하게 하고 관리를 했던 것과 비슷하다. 나치 역시 끝까지 신분증을 발급받지 않는 유대인은 관리 대상으로 삼았다.

* * *

어느 날 신분증이 있는 유대인과 신분증이 없는 유대인이 길을 가고 있었다. 그런데 갑자기 나치가 나타나 신분증 검사를 하는 것이었다. 이

때 신분증이 있는 유대인이 뛰기 시작한다. 나치는 뛰는 유대인이 신분증이 없을 것이라고 생각하고 뛰어서 유대인을 잡아 신분증을 내놓으라고 했다. 그런데 유대인이 당당하게 신분증을 내놓았다.

"신분증이 있는데 왜 도망을 갔소?"

유대인이 대답했다.

"도망이라니요? 나는 주치의가 열심히 운동을 하지 않으면 안 된다고 해서 운동을 한 것뿐이오."

그 사이 신분증이 없는 유대인은 유유히 도망을 갈 수 있었다.

이렇게 절체절명의 순간에 아무 일도 없었다는 듯이 해결책을 생각해내고 그 해결책을 실행하는 것을 위대한 지혜의 정신, 즉 '이시디콥'이라고 일컫는다.

우리 아이들도 부모와 함께 하브루타를 통해 지혜를 익히며 성장한다면 '이시디콥'의 정신을 갖추고 앞으로 어떠한 절체절명의 순간이 오더라도 유유히 해결책을 생각해내고 문제를 해결할 수 있는 인재로 성장하지 않을까?

- 1 -

선녀와 나무꾼, 행운을 잡아봐!

사슴이 목숨을 구해준 나무꾼에게 선녀가 목욕하는 곳을 알려주어 은혜를 갚는다. 나무꾼에게는 엄청난 행운이 온 것이다. 창업가에게도 운은 중요하다. 그러나 운이 내게 왔을 때 그것을 지키고 내 것으로 만들려면 그만한 노력이 필요하다. 아무런 노력도 하지 않는다면 내게 찾아왔던 행운은 날개옷을 입은 선녀처럼 그냥 하늘로 날아가버릴 수도 있다.

나무꾼이 선녀와 아이 둘을 낳고 사는 세월 동안 자기만의 비장의 무기 하나를 만들었더라면 선녀는 하늘나라로 가지 않았을지도 모른다. 찾아온 행운을 내 것으로 만드느냐, 만들지 못하느냐는 나에게 달려 있는 것이 아닐까?

만일 나무꾼을 만나게 된다면 어떤 말을 해주고 싶은가?

* * *

옛날 옛날에 마음씨 착한 나무꾼이 살았다. 어느 날 나무꾼이 산에서 나무를 하고 있는데 사슴 한 마리가 달려와 다급한 목소리로 부탁했다.

"나무꾼님, 저 좀 도와주세요. 사냥꾼에게 쫓기고 있어요."

착한 나무꾼은 사슴을 나무꾼의 나뭇가지 속에 숨겨주었고 나무꾼 덕분에 사슴은 목숨을 구하게 되었다. 사슴은 고마워하며 나무꾼에게 은혜를 갚겠다고 했다. 나무꾼은 아직 결혼을 하지 못한 총각이었다.

"나무꾼님, 숲 깊은 곳으로 가시면 매일 밤 선녀가 하늘에서 내려와 목욕을 하는 곳이 있답니다. 거기로 가셔서 선녀의 날개옷을 숨기세요. 날개옷이 없으면 선녀는 하늘로 올라갈 수 없으니 선녀와 결혼하실 수 있을 거예요."

사슴은 주의사항도 들려주었다.

"꼭 명심할 것이 있답니다. 아이를 셋 낳기 전까지는 절대로 날개옷을 주시면 안 된답니다. 아이가 3명이 되어야만 아이들을 데리고 하늘나라로 가지 못한답니다."

나무꾼은 사슴이 일러준 대로 선녀가 목욕하는 곳으로 가서 몰래 선녀의 날개옷 하나를 숨겼다.

잠시 후 다른 선녀들이 모두 날개옷을 입고 하늘로 올라갔고 한 명의 선녀만 날개옷이 없어서 하늘로 가지 못했다. 하늘로 올라가지 못해 슬퍼하는 선녀에게 나무꾼이 이야기했다.

"선녀님, 미안합니다. 제가 당신의 날개옷을 숨겼습니다. 나와 결혼해서 아이 셋을 낳아주면 당신의 선녀 옷을 돌려주겠습니다."

그렇게 나무꾼과 선녀는 결혼했다. 몇 년이 지난 뒤 아이가 2명 태어났다. 그러던 어느 날 선녀가 나무꾼에게 눈물을 흘리며 이야기를 하는 것이었다.

"여보. 날개옷을 한 번만 입어보게 해주세요. 한 번만 입어보고 돌려드릴게요."

나무꾼은 슬피 우는 선녀가 불쌍하기도 하고 '아이도 둘이나 낳았으니 잠깐 입어보는 것은 괜찮겠지.'라고 생각하면서 날개옷을 꺼내줬다. 그런데 선녀는 옷을 입자마자 양손에 아이 손을 하나씩 잡고 그대로 하늘로 날아가버렸다.

나무꾼은 망연자실하여 멍하니 하늘만 바라보고 있었다. 그때 사슴이 다시 찾아와서 이야기했다.

"연못을 다시 찾아가면 하늘에서 두레박이 내려올 거예요. 그 두레박을 타면 하늘나라로 올라가서 선녀와 아이들을 만날 수 있을 거예요."

사슴이 일러준 대로 나무꾼은 연못으로 가 두레박을 타고 하늘나라로 올라갔다. 하늘나라로 올라간 나무꾼은 아내와 아이들을 만나 너무도 행복했지만 홀로 남겨진 어머니가 걱정되어 다시 지상으로 내려가야겠다고 마음먹었다.

아내는 천마 한 마리를 내어주면서 말했다.

"이 말을 타고 가세요. 가서 어머니를 만나고 오세요. 하지만 무슨 일 있어도 말에서 내려 땅을 밟으면 안 됩니다."

나무꾼은 천마를 타고 지상에 내려와서 어머니를 만났다. 어머니는 다시는 보지 못할 수도 있는 아들을 위해 아들이 좋아하는 팥죽을 끓여주었다. 그런데 아들이 말 등에서 팥죽을 먹다가 뜨거운 팥죽을 그만 말 등에 흘리고 말았다.

그러자 말이 놀라 뛰어오르는 바람에 나무꾼은 그만 땅바닥에 떨어졌고 천마는 그대로 하늘로 올라가버리고 말았다. 다시는 하늘로 올라가지 못하고 아내와 아이들을 만나지 못하게 된 나무꾼은 그 자리에서 닭이 되었다. 그래서 지금도 닭은 아침마다 하늘을 향해 울부짖듯이 운다고 전해진다.

선우와 나눈 하브루타 브레인스토밍

① 선녀들은 왜 지상에 내려와 목욕을 한 것일까?

② 만일 나무꾼이 선녀 옷 2개를 감추었다면 어떻게 되었을까?

③ 사슴은 나무꾼에게 은혜 갚는 방법 중 왜 선녀와 결혼하는 방법을 알려주는 것으로 선택했을까?

④ 선녀가 아닌 일반인이 날개옷을 입어도 하늘로 날아갈 수 있는 것일까?

⑤ 선녀가 나무꾼의 아내가 되기를 거부했다면 어떻게 되었을까?

⑥ 선녀와 어머니와의 사이는 좋았을까?

⑦ 선녀는 두레박을 하늘로 타고 올라갈 수는 없었을까?

⑧ 아들이 두레박을 타고 올라갈 때 어머니와 함께 올라갈 수는 없었을까?

⑨ 선녀가 하늘로 올라갈 계획으로 날개옷을 보여달라고 한 것일까? 아니면 날개옷을 보자 갑자기 올라갈 생각이 든 것일까?

⑩ 아들이 닭이 된 모습을 보고 어머니 마음은 어땠을까?

⑮ 아들은 어머니를 다시 보러 온 것을 후회했을까?

⑪ 선녀와 아이들은 나무꾼을 다시 불러올 수 있는 방법을 생각해내지 않았을까?

⑫ 선녀와 아이들과 떨어져서 평생 살아야 하는 나무꾼의 마음은 과연 어떨까?

⑬ 나무꾼에게 사슴이 준 행운이 결국 행운이 아닌 것인가?

⑭ 나무꾼이 그 행운을 잘 지키려면 어떻게 해야 했을까?

⑯ 나에게도 찾아온 행운을 못 지켜서 날려버린 경험은 없는가?

- 2 -

소가 된 게으름뱅이, 나는 어떤 일을 할 때 행복할까?

일하기를 너무도 싫어하는 청년이 소가 되었다. 이 청년은 왜 일하기가 그토록 싫었을까? 어쩌면 자기의 적성에 맞는 일을 찾지 못해서가 아닐까? 늦게 일어난다고 또는 게으르다고 비난하고 야단을 치는 것이 아니라 하고 싶은 일을 찾아보도록 부모가 지혜를 발휘했다면 어땠을까?

글의 주인공인 총각이 좋아하는 일을 찾아 가슴 뛰는 행복한 삶을 살려면 어떻게 해야 할까? 만일 총각을 만나게 된다면 그에게 어떤 이야기를 해주면 좋을까?

* * *

옛날에 일하기 싫어하는 청년이 있었다. 어린 나이도 아니고 성인으로 다 컸는데도 열심히 일을 해서 부모님을 모시고 살 생각은 하지 않고 빈둥빈둥 허송세월만 보냈다.

"얼른 일어나서 밥 먹고 아버지 일손 좀 도우렴!"

해가 중천에 떠도 잠자리에서 일어나지 않는 아들을 보며 어머니가 걱정을 했다. 얼른 정신 차리고 열심히 사는 성실한 아들이 되길 바랐다. 하지만 게으름뱅이 아들은 어머니의 그런 말씀을 잔소리로만 여겼다. 그러던 어느 날 어머니의 잔소리가 듣기 싫다며 부모님이 소중히 여겨 귀하게 보관하던 비싼 베 2필을 장롱에서 꺼내 집을 나왔다.

산길을 걸어가던 게으름뱅이 청년은 낡은 집 한 채를 발견했다. 산길이 조금 무섭다고 생각했던 청년은 걸음을 재촉해서 그 집안으로 들어갔다. 집 마당에는 할아버지 한 분이 탈바가지를 만들고 있었다.

"할아버지 그게 뭐예요?"
"보면 모르냐, 소머리 탈이다!"
"소머리 탈을 왜 만들고 계세요?"

게으름뱅이 청년이 이렇게 묻자 할아버지 얼굴에 쓱 미소가 번졌다.

"일하기 싫어하는 사람이 이 탈을 쓰면 좋은 일이 생긴단다."

"정말요? 그럼 제가 한번 써 봐도 될까요?"

"그래, 한번 써보거라."

게으름뱅이 청년은 너무 신이 났다. 누구보다도 일하기 싫어하는 청년은 소머리 탈을 쓰면 좋은 일이 생길 것이라 믿고 덥석 탈을 썼다. 할아버지는 청년의 등에 쇠가죽도 둘러주었다. 그러자 순식간에 청년은 황소로 변했다.

"어허, 이놈 값 좀 쳐서 받을 수 있겠는걸!"

할아버지는 크게 웃으며 황소를 타고 장터로 갔다.

"저는 소가 아니에요. 사람이에요. 살려주세요."

소가 된 청년은 장터를 끌려가면서 억울해하며 소리를 질러보았으나 사람들 귀에는 그저 소가 "음메!" 하는 소리로만 들릴 뿐이었다.

할아버지는 장터에서 어느 농부에게 소를 팔았다. 농부는 밤낮없이 소에게 일을 시켰고 일을 하지 않을 때는 우리에 가둬놓고 맛없는 마른 풀만 주었다. 청년은 신세를 한탄했다.

"어머니 아버지가 너무 보고 싶구나. 게으름만 피우더니 벌을 받아 이렇게 소가 되어 죽도록 일만 하는구나!"

소가 된 청년은 시간이 흐를수록 게으름을 피웠던 지난 날이 후회스러웠다. 총각은 하루하루 시간이 지날수록 게으름을 피우며 살아왔던 일들이 떠올랐다. 이렇게 사느니 죽는 게 낫다는 생각이 들었다. 그러던 어느 날 소가 된 청년은 무청을 발견하고는 무밭으로 달려가 무를 뽑아서 얼른 먹었다.

"이 황소는 절대 무를 먹이면 안 됩니다. 큰 탈이 나니 명심하시오."

할아버지가 농부에게 소를 팔면서 이야기한 것을 기억해낸 것이었다. 그런데 무를 먹은 황소는 다시 사람으로 변했다. 너무도 기쁜 마음으로 청년은 집으로 돌아와 다시는 게으름을 피우지 않고 부모님을 도와 열심히 일했다.

선우와 나눈 하브루타 브레인스토밍

① 게으름뱅이 청년에게 다른 재능은 없었을까? 적성에 맞는 것을 찾지 못해서 게으름뱅이로 살았던 건 아닐까?

② 탈을 만드는 할아버지의 정체는 무엇이었을까? 미래에서 타임머신을 타고 온 게으름뱅이 청년 자기 자신이 아니었을까?

③ 청년이 소가 되어 사라졌을 때 부모님은 마음이 어땠을까? 그리고 청년을 어떤 방법으로 찾고 있었을까?

④ 무는 또 다른 곳으로 가거나 변신할 때 쓰이는 열쇠가 아니었을까? 무를 통해 다른 동물로 변신할 수 있고 다른 곳으로 갈 수 있게 되진 않을까?

⑤ 청년이 다시 사람이 된 후 부지런해졌다고 했는데 어떤 사람이 되었을까? 행복했을까?

⑥ 청년의 아버지 어머니는 노인을 고소하지 않았을까?

⑦ 청년이 죽을 작정을 하고 무를 먹지 않았다면 평생 소로 살아야 했을까? 할아버지도 따로 생각이 있었을까? 예를 들어 한 달 지나면 다시 사람이 되는 장치 같은 것이 필요하지 않았을까?

⑧ 사람으로 다시 변하고 난 뒤 청년이 다시 할아버지를 만났다면 감사했을까? 원망했을까? 만약 게으름뱅이가 무를 먹지 않았다면 어떻게 되었을까? 그 뒤로 노인은 무슨 일을 하고 다녔을까?

-3-

토끼의 재판, 다음 일까지 예측해봐!

나그네가 구덩이에 빠진 호랑이를 구해주었다. 그런데 호랑이는 자기를 구해준 나그네를 잡아 먹으려고 한다. '물에 빠진 사람 구해줬더니 보따리 내놓으라고 한다.'라는 속담이 있는데, 이 호랑이가 바로 그 예다.

우리는 살아가면서 수많은 난관에 부딪친다. 그러나 앞으로 어떠한 일이 벌어질지 예측해보면서 간다면 그 난관은 훨씬 쉽게 지나갈 수 있을 것이다. 성공하는 기업가들의 공통점 중의 하나는 바로 미래를 예측하면서 앞에 있을 어려움에 미리 대비한다는 점이다. 어떤 선택을 할 때 늘 다음 일까지 예측하고 행동하는 지혜가 필요하지 않을까? 토끼를 만나게 된다면 어떤 이야기를 해주고 싶은가?

* * *

옛날 옛날에 나그네가 길을 가다가 큰 구덩이에 빠진 호랑이를 만났다. 호랑이는 온갖 방법을 동원해 구덩이에서 빠져나오려고 했지만 빠져나오지 못하고 있던 참에 나그네를 만나 얼마나 반가웠는지 모른다. 호랑이가 나그네에게 애걸복걸하며 말했다.

"나그네님, 저를 구덩이에서 꺼내주십시오. 은혜는 잊지 않겠습니다."
"내가 너를 꺼내주면 나를 잡아먹을 게 아니냐?"
"절대 잡아먹지 않겠습니다. 살려 주신다면 꼭 그 은혜를 갚겠습니다."

나그네는 굳게 약속하는 호랑이 말을 믿고 호랑이를 구해주었다. 커다란 나무를 구해다가 구덩이에 걸쳐 놓았더니 호랑이가 나무를 타고 나올 수 있었다. 그런데 며칠 동안 쫄쫄 굶어 배가 고플 대로 고팠던 호랑이는 밖으로 나오자 마음이 바뀌었다. 호랑이는 갑자기 무서운 얼굴을 하더니 이렇게 말했다.

"내가 너무 배가 고파서 안 되겠다. 너를 잡아 먹어야겠다."

화들짝 놀란 나그네는 말했다.

"구해주면 은혜를 갚겠다더니 나를 잡아먹으려 하느냐! 못된 호랑이! 그렇다면 저기 풀을 뜯고 있는 소에게 가서 한번 물어보고 나를 잡아먹든지 하거라."

나그네가 이렇게 말하자 호랑이도 할 수 없이 그렇게 하기로 했다. 그리고 소에게 가서 재판을 청했다. 나그네가 소에게 말했다.

"내가 구덩이에 빠져 있는 이 호랑이를 구해주었습니다. 그런데 밖으로 나오게 된 호랑이가 배가 고프다고 나를 잡아먹겠다고 합니다. 이게 맞습니까?"
"응, 당연히 잡아 먹어도 괜찮아."

소는 하루 종일 일만 시키는 사람이 미웠다. 그래서 그냥 잡아먹으라고 한 것이었다. 이 말을 들은 호랑이는 기뻐했고, 나그네는 실망할 수밖에 없었다. 그때 마침 여우가 지나갔다. 둘은 다시 여우에게 재판을 해달라고 부탁했다. 그러나 여우도 같은 대답을 했다.

"잡아 먹어도 좋아."

나그네는 꼼짝없이 호랑이에게 잡아 먹히겠다며 실망하고 있었다. 그

때 깡충깡충 지나가던 토끼가 말을 했다.

"무슨 일이니?"

호랑이와 나그네는 토끼에게 재판을 청했다. 그러자 토끼가 대답했다.

"말로만 들어서는 잘 모르겠어. 다시 호랑이가 구덩이로 들어가서 다시 설명해줘."

"좋아, 그거야 어렵지 않지."

호랑이는 그렇게 말하며 다시 구덩이 안으로 들어갔다.

"내가 이렇게 있는데 나그네가 나를 구해준 거지."

그때 나그네는 구덩이에 걸쳐놓았던 나무를 얼른 치웠다. 이제 호랑이는 구덩이에 다시 갇힌 신세가 된 것이다.

"이 은혜도 모르는 호랑이야, 거기서 평생 살아라."

토끼는 그렇게 말하고 숲속으로 깡충깡충 뛰어갔다.

선우와 나눈 하브루타 브레인스토밍

① 토끼는 왜 나무꾼을 도와줬을까?

② 여우가 사람을 싫어하는 이유는 무엇일까?

③ 여우와 소가 잡아먹지 말라고 했다면 이야기는 어떻게 바뀌었을까?

④ 내가 호랑이라면 어떤 선택을 했을까?

⑤ 나그네가 미래를 볼 수 있는 능력을 가진 사람이어서 호랑이가 자신을 잡아먹는다는 것을 미리 알았다면 호랑이를 구해주었을까?

⑥ 미래를 예측한다는 것은 어떤 점이 좋을까?

⑦ 미래를 예측하는 사람과 예측하지 못하는 사람은 어떻게 다를까?

⑧ 구덩이로 들어가서 나오지 못하게 된 호랑이는 어떤 생각을 했을까?

⑨ 선택을 잘못해서 후회한 적은 없었나? 다시 시간을 되돌린다면 돌리고 싶은 선택은?

⑩ 시간을 되돌릴 수 있다는 건 좋은 일일까? 또 너무 잘한 선택의 경험은 어떤 것이 있는가?

⑪ 누군가를 좋은 마음으로 도와줬는데 상대방은 고마움을 잘 모르고 당연하게 여길 때 기분은 어떤가?

⑫ 나는 누군가의 도움을 받은 후 감사를 잘 전하는 사람인가? 내가 감사를 전해야 하는데 하지 못한 경험은 있는가? 감사를 전하고 싶은 사람 3명을 생각해본다면, 그 셋은 누구인가?

주식시장의 현인, 워런 버핏(Warren Buffett)

주식시장의 현인이라 불리고 2008년 미국경제 전문지 『포브스』에 의해 세계재력가 1위에 선정되기도 했던 워런 버핏은 재산의 80% 이상을 사회에 환원하기로 약정하는 등 많은 기부활동으로 이름이 알려지기도 한 유대인이다.

워런 버핏은 투자의 귀재로 통하며 주식시장을 꿰뚫어 보는 눈을 가지고 천문학적인 투자수익을 얻은 인물로 유명하다. 이런 버핏의 투자 비법과 지혜를 배우고자 하는 사람들이 늘어났고 매년 진행되는 '버핏과의 점심식사 자선경매'는 엄청난 고가임에도 경쟁이 치열하다. 2019년에는 460만 달러(우리 돈으로 약 54억 원)에 낙찰되기도 했다.

전문가들은 버핏의 투자를 한마디로 '가치투자'라고 정의한다. 가치투자란, 기업의 가치에 믿음을 둔 주식 현물 투자 전략을 말한다. 즉 단기적 시세차익을 만을 보는 것이 아니라 기업의 내재가치와 성장률에 근거한 주식을 사서 장기간 보유하는 투자방식이다. 이런 가치투자 방식은 창업생태계의 투자방식이기도 하다.

워런 버핏은 오마하 지역에서 사업가의 아들로 태어났는데 어렸을 때부터 돈을 벌고 모으는 데 관심이 많았다고 한다. 어린 나이에 장사를 하면서 얼마나 많은 사건과 사고가 있었겠는가. 주변의 눈초리도 곱지 않은 것은 당연한 일일 것이다. 그렇지만 버핏의 부모는 자녀를 믿고 관심 있는 것을 충분히 해볼 수 있는 기회를 주었다. 그런 경험이 쌓여 지금 버핏은 '식사하는 짧은 시간에라도 잠시 만나 지혜를 구하고 싶은 현인'이 될 수 있었던 것이다.

유대인 격언에 '물고기를 잡아주지 마라. 물고기 잡는 법을 알려주라'는 말이 있다. 배고 고프다고 하여 물고기를 잡아준다면 당장은 빨리 배를 채울 수는 있으나 또 배가 고파질 때마다 잡아 주어야 한다는 것이다. 부모가 아이에게 물고기 잡는 법을 알려주는 것은 시간은 많이 걸리지만 스스로 살아가는 지혜를 터득할 수 있게 기회를 주는 것이다.

오마하의 현인, 투자가치의 귀재! 워런 버핏의 지혜는 어린 시기에 하고 싶은 일을 하게 해준 부모의 교육에서 시작되었다.

- 4 -

젊어지는 샘물, 지금 이 순간이 가장 소중해!

사람들은 모두 젊어지고 싶고 예뻐지고 싶어 한다. 지금의 모습을 화려했던 과거와 비교하며 아쉬워한다. 미래 지향적인 사람은 과거를 아쉬워하기보다는 과거를 통해 배움을 얻으며 그때보다 나아진 나를 발견하며 자존감을 높인다. 창업가도 실패했다고 좌절한다면 앞으로 나아가지 못한다. 그렇기 때문에 실패를 통해서 배우는 미래 지향적인 마음가짐 자체가 바로 지혜인 것이다.

지나간 시간을 아쉬워하며 보내기보다는 미래를 보며 살아가면 어떨까? 지금이 내 인생에서 가장 젊은 때이고 가장 예쁜 시간이라는 것을 생각한다면 현재 이 시간을 중요하게 생각하고 충실히 살아갈 수 있으며 그로 인해 우리 앞날도 좀 더 풍요로워지지 않을까?

젊어지는 샘물을 너무 많이 마셔 아기가 되어버린 욕심쟁이 할아버지에게는 어떤 얘기를 해주고 싶은가?

* * *

옛날 옛날에 할아버지가 산에 나무를 하러 갔다가 우연히 파랑새를 만났다. 할아버지는 처음에는 그냥 대수롭지 않게 여겼으나 곧 파랑새가 자신을 보고 이야기하는 것 같다고 느끼고 파랑새를 따라 숲속으로 들어갔다. 파랑새를 따라 가다 보니 맑은 옹달샘이 나타났다. 할아버지는 너무 목이 말라 샘물을 꿀꺽꿀꺽 마셨다.

"아, 시원하다."

그리고 나서 할아버지는 나무를 하기 시작했다. 나무를 잔뜩 해서 지게에 싣고 집으로 가고 있는데 이상하게 다른 때보다 몸이 가뿐하다고 생각했다. 할아버지는 맑은 샘물을 마셔서 그럴 것이라고 생각하면서 집으로 돌아왔다.

"할멈, 나 왔소."

할아버지의 소리가 들리자 할머니가 방문을 열었다. 그런데 이게 웬일인가? 눈앞에 웬 젊은이가 서 있지 않은가? 그것도 할아버지의 젊을 때 모습을 하고 있었다.

"누구시오? 당신은 누구신데, 우리 할아버지의 젊을 때 모습을 하고 있단 말이오?"
"무슨 소리요? 나요, 할멈!"

할머니는 너무 놀라 할아버지에게 거울을 보여주었다.

"아니, 이게 나란 말이오?"

할아버지는 낮에 있었던 이야기를 할머니에게 차근차근 해주었다. 파랑새가 할아버지에게 안내해준 것이 젊어지는 샘물이 나오는 옹달샘이었던 것이다.

"할멈도 어서 가서 샘물을 마십시다."

할머니는 할아버지와 옹달샘으로 가서 샘물을 마셨다. 그랬더니 얼굴의 주름이 펴지고 머리도 검은색으로 변했다. 할머니 젊었을 때의 모습으로 돌아간 것이었다. 할아버지와 할머니는 너무 좋아서 덩실덩실 춤을 추었다.

할아버지와 할머니의 이야기가 동네에 널리 퍼졌다. 그러던 어느 날 이 소문을 들은 욕심쟁이 할아버지가 청년이 된 할아버지를 찾아와서 이야기했다.

"젊어지는 샘물이 어디에 있는지 나에게도 알려주시오."

젊어진 할아버지와 할머니는 절대로 알려주지 않았다. 그러나 욕심쟁이 할아버지의 고집이 너무 세서 몇 날 며칠을 집으로 돌아가지도 않고 알려달라고 조르니 하는 수 없이 옹달샘이 있는 곳을 알려주었다.

욕심쟁이 할아버지는 그 길로 옹달샘으로 달려갔다. 옹달샘에 도착하자마자 욕심쟁이 할아버지는 물을 벌컥벌컥 마셨다. 너무 많이 마셨는지 배도 부르고 잠이 스스로 왔다.

며칠이 지나도 욕심쟁이 할아버지가가 돌아오지 않자 젊어진 할아버지 부부는 걱정이 되기 시작했다.

"욕심쟁이 할아버지에게 무슨 일이 생긴 건 아니겠죠?"

할아버지도 걱정이 됐다.

"우리가 찾아 나섭시다."

할아버지와 할머니가 옹달샘에 거의 도착했을 때 어디선가 아기 울음소리가 들려왔다.

"이 깊은 숲속에 웬 아기 울음소리가 난담?"

옹달샘으로 가보니 갓난아기가 욕심쟁이 할아버지가 입었던 옷 속에 파묻혀 울고 있었다.

"세상에. 욕심쟁이 할아버지가 샘물을 너무 많이 마셨군!"
"여보, 이 아기는 우리가 키웁시다."

할아버지는 처음에는 깜짝 놀랐지만, 곧 그렇게 하자고 말했다.

선우와 나눈 하브루타 브레인스토밍

① 할아버지 할머니는 샘물 있는 곳을 왜 다른 사람에게는 알려주지 않은 걸까?

② 할아버지가 젊어져서 돌아왔을 때 할머니 기분은 어땠을까?

③ 욕심쟁이 할아버지의 가족들도 있을 텐데, 가족들은 왜 할아버지를 찾지 않을까?

④ 아기가 된 욕심쟁이 할아버지는 어떤 사람으로 자랐을까? 착한 할아버지와 할아버지가 키웠으니까 착한 사람으로 자랐을까? 아니면 또 다시 원래의 욕심쟁이로 자랐을까?

⑤ 욕심쟁이의 기준이 뭘까? 욕심이 많다고 반드시 나쁜 걸까?

⑥ 그 옹달샘은 지금쯤 어떻게 되어 있을까?

⑦ 이 샘물이 있다면 나는 어떻게 할 것인가? 우리 엄마 아빠에게 드시라고 할 것인가?

⑧ 엄마 아빠가 젊어진다면 어떨까? 나와 비슷한 나이가 된다면 엄마 아빠를 어떻게 대해야 하는 거지?

⑨ 왜 사람들은 더 젊어지고 싶은 마음이 들까? 나도 나이가 들면 더 젊어지고 싶을까?

⑩ 나이가 들어서 좋은 점은 무엇일까?

⑪ 젊음 말고 행복의 기준이 되는 것은 또 무엇이 있을까?

- 5 -

파이 자르기, 더 좋은 지혜는 숨어 있다!

자녀를 기르다 보면 형제간에 다투는 일은 수도 없이 많이 있다. 어느 형제가 말도 안 되는 것 가지고 다투고 있는데 부모가 호통치지 않고 조용히 지혜를 발휘하는 법을 보여주며 한 수 가르치는 아버지가 있다. 과연 나라면 어떤 지혜를 말해줄 수 있을까?

* * *

두 형제가 더 큰 파이를 먹기 위해 칼을 들고 서로 먼저 자르겠다며 싸우고 있었다. 형이 칼로 자기 몫을 크게 자르려고 하는 순간, 아버지가 그 모습을 보고 이렇게 말했다.

"누가 잘라도 괜찮지만 한 사람이 자르면 나머지 사람이 먼저 집는 것으로 하자."

이 말을 들은 형은 파이를 정확하게 반으로 잘랐다.

선우와 나눈 하브루타 브레인스토밍

① 평소 두 형제는 어떤 사이일까?
② 아버지가 끼어들지 않았다면 형이 먼저 잘라서 먹었을까?
③ 형과 동생의 나이가 나오지 않았는데 동생이 3살 정도의 어린아이라면 형이 더 많이 먹는 게 맞는 것이 아닐까? 이 방법은 공평하다고 볼 수 있나?
④ 내가 아버지라면 어떻게 조언을 해줬을까?
⑤ 욕심은 나쁜 것인가? 공부 욕심은 좋은 것이 아닌가?
⑥ 아버지가 현명한 판단을 내릴 수 있었던 이유는 무엇일까?
⑦ 다음에 파이를 먹을 때 형제는 같은 방법으로 파이를 나눠 먹을까?
⑧ 이렇게 잘랐을 때는 과연 문제가 없을까? 다른 방법은 없을까?
⑨ 이 아버지를 만나게 된다면 어떤 이야기를 나누고 싶은가?

- 6 -

칠면조가 된 왕자,
마음이 아픈 사람은 어떻게 도울까?

세상이 다양해지고 복잡해지면서 마음이 아픈 사람들도 많이 생겨나고 있다. 겉으로 볼 때는 아무 문제 없어보이던 유명 개그맨이 어느 날 공황장애를 앓고 있다고 고백하며 TV를 오랫동안 떠나기도 한다.

아이들도 학업스트레스에 지칠 대로 지쳐서 신경정신과에 다니는 경우도 있다. 강남 유명 학원가에는 신경정신과가 건물 하나 건너 하나씩 있다고 할 정도이다. 왜 이렇게 마음이 아픈 사람들이 늘어나는 것일까?

도대체 마음은 왜 아픈 것일까? 마음이 아픈 사람은 어떻게 도울 수 있을까? 과연 나라면 머리가 이상해진 왕자를 어떻게 도와줄 수 있을까?

* * *

머리가 이상해진 왕자가 있었다. 그는 자신을 칠면조라고 생각해서 알몸으로 식탁 밑을 기어 다니거나 떨어진 빵 부스러기를 쪼아 먹기도 했다. 왕자를 치료할 방법을 찾지 못한 의사들은 낙담했고 아버지인 국왕은 슬픔에 잠겼다.

어느 날 한 현자가 찾아와서 왕자를 치료해보겠다고 했다. 현자는 옷을 벗더니 식탁 밑에 있는 왕자와 함께 떨어진 빵 부스러기를 쪼아 먹기 시작했다.

왕자가 현자에게 물었다.

"당신이 지금 하고 있는 행동을 어떻게 생각합니까?"

현자가 대답했다.

"나는 칠면조입니다."

그러자 왕자가 "나도 칠면조요."라고 응답했다. 현자는 왕자가 자신을 따르게 될 때까지 오랫동안 식탁 밑에서 그와 함께 있었다. 왕자와 가까워지자 그는 2장의 셔츠를 가지고 오라고 신호를 보냈다.

현자가 왕자에게 말했다.

"칠면조는 셔츠를 입을 수 없다고 누가 그러던가요? 셔츠를 입어도 칠면조는 칠면조입니다."

그래서 두 사람은 셔츠를 입었다. 다음에 현자는 바지 2벌을 가지고 오게 했다. 현자가 왕자에게 물었다.

"칠면조가 바지를 입어서는 안 되는 것일까요?"

결국 두 사람은 결국 옷을 전부 입게 되었다. 그것이 끝나자 현자는 음식을 식탁 밑에 내려놓으라는 신호를 보냈다.

현자는 물었다.

"맛있는 음식을 먹는 것은 칠면조답지 않은 일일까요?"

"아니오!"

한참 뒤에 현자는 덧붙였다.

"왜 칠면조는 언제나 식탁 밑을 기어 다니지 않으면 안 되는 것입니까? 의자에 앉고 싶을 때 그렇게 하지 못할 이유가 어디 있습니까?"

그렇게 현자는 조금씩 왕자를 치료해갔다.

선우와 나눈 하브루타 브레인스토밍

① 왕자는 왜 하필 자기가 칠면조라고 생각했을까?

② 왕자는 왜 머리가 이상해졌을까?

③ 왕자의 어머니는 왜 등장하지 않을까?

④ 현자는 왜 왕자를 치료하겠다고 했을까?

⑤ 왕자는 왜 현자의 말에 따라 셔츠와 옷을 입었을까?

⑥ 왕은 그동안 왕자의 병을 치료하기 위해 어떤 방법을 시도했을까?

⑦ 왕자가 아팠을 때 왕의 마음은 어떤 마음일까? 무엇이 걱정되었을까?

⑧ 왕자에게 다른 형제는 없었을까?

⑨ 왕이라는 자리와 왕자라는 자리는 어떤 책임이 따르는 자리일까? 내가 아는 훌륭한 왕은 누가 있는가?

⑩ 마음이 아픈 사람들은 어떤 치료를 받을까?

⑪ 마음이 아픈 것과 몸이 아픈 것은 어떤 차이가 있을까? 마음이 아픈 사람은 사회생활을 제대로 할 수 없는 것일까?

⑫ 마음이 아픈 왕자가 모두 나아서 왕이 된다면 어떤 왕이 될까?

현명한 선택을 돕는 넛지(nudge)

넛지(nudge)는 '옆구리(팔꿈치)를 슬쩍 찌른다.'라는 뜻으로 강요에 의하지 않고 유연하게 개입함으로써 선택을 유도하는 방법을 말한다. 행동경제학자인 리처드 탈러 시카고대 교수와 카스 선스타인 하버드대 로스쿨 교수의 공저인 『넛지』에 소개되어 유명해진 말로 강요가 아니라 자연스럽게 선택을 이끄는 힘이 큰 효과가 있다는 의미이다.

넛지를 이용하여 좋은 결정을 내리도록 돕는 사례는 수없이 많다. 지하철역에 계단을 밟을 때마다 악기 소리가 울리게 했더니 계단이용자가 6.5%에서 22%로 3배나 증가했다. 계단을 이용하면 건강에 좋으니 계단을 이용하라고 100번 말하는 것보다 아무 말도 하지 않고 음악만 설치한 것이 더 효과적인 것이다.

네덜란드 암스테르담의 스키폴 공항에 남자 소변기 중앙에 파리 그림을 그려놓았더니 변기 밖으로 튀는 소변의 양이 80%나 줄었다고 한다. 초등학교 근처 신호등 앞에 횡단보도에서 1m가량 떨어진 곳에 노란 발

자국을 표시했다. 안전을 지키라고 지시하는 대신 이 노란 발자국으로 스쿨존 사고가 30% 감소했다.

이렇게 의미 있는 결과들이 나오면서 기업의 마케팅기법은 물론 개인 투자, 식생활 등 수많은 분야에서 선택과 결정의 순간에 현명한 선택을 할 수 있도록 넛지를 활용한다. 간섭받기 싫어하고 자기주장이 강한 현대인들에게 좋은 선택을 도와주는 방법으로 주목을 받고 있는 것이다. 넛지를 활용하여 좀 더 부드럽고 효과적으로 자녀교육에 적용해보면 어떨까?

자녀와의 충돌을 줄이고 강요나 명령이 아닌 부드러운 개입으로 자녀가 스스로 올바른 선택을 하도록 돕는 부모의 지혜가 필요하지 않을까?

32

TOUS les JOURS

THE 7 SECRETS OF FUTURE LEADER

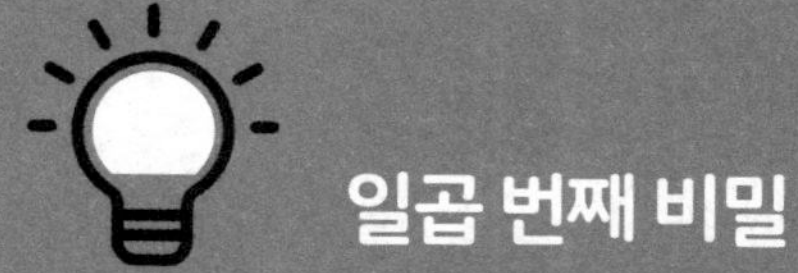

일곱 번째 비밀

일상에서 끊임없이 배우는 일상 하브루타

- CHECK POINT -

매일 현장에서 배우다

"우리 아이가 보낸 지난 일주일을 떠올려봅시다. 그중 가장 좋은 공부를 한 곳은 어디라고 생각하나요?"

대부분은 학교나 수학학원, 또는 과학학원, 미술학원 등을 꼽을 것이다. 학교나 학원에서 가장 좋은 공부를 할 것이란 믿음 때문에 우리는 비싼 학원비를 들여가며 아이를 그곳에 보내는 것이기도 하다. 그러나 더 큰 공부와 좋은 학습이 일어나는 곳은 어쩌면 우리의 집과 일상 생활 자체일 수 있다. 가정에서 부모님들의 대화나 일상 생활 현장, 아빠가 들려주는 회사 이야기에서도 배움이 일어난다.

창업 교육을 하다 보면 많은 창업자를 만나게 되는데 신기하게도 사업하는 부모님 아래서 자란 자녀가 자라서 창업할 확률이 샐러리맨 부모 아래서 자란 자녀보다 훨씬 높다는 사실을 발견하게 된다. 이런 이유는 가정에서 오가는 일상적인 대화, 아버지의 전화통화 내용 등에서 오가는 사업과 관련된 내용들이 많이 있을 수밖에 없을 것이고 그것이 알게 모르게 자녀들에겐 학습의 대상이었기 때문이다.

다시 말해 중요한 배움은 큰 돈을 들여서 보내고 있는 학원보다 일상생활에서 더 많이 일어나고 있을 수 있다는 점이다. 따라서 자라는 환경이 그만큼 중요하며 일상을 자녀교육의 기회로 만든다면 지금보다 효과적인 교육이 될 것이다.

하브루타를 이야기하면 일반적으로 부모님들은 '독서 하브루타'를 생각한다. 그것도 아주 좋은 하브루타의 한 방법이지만 더 다양한 하브루타를 실천하고 싶다면, '일상 하브루타'를 하라고 말하고 싶다. 길거리를 걷다가 간판을 보고 아이에게 질문을 던져도 좋고, 놀이터의 시소 모양이나 원리로 하브루타를 해도 좋다. 동네 김밥집에 관한 질문으로 하브루타를 해도 좋고 주방구조에 대해 하브루타를 해도 좋다.

주변에 있는 모든 사물과 사람들, 그리고 수많은 사건을 모두 아이의 생각하는 능력과 문제해결력을 높이는 하브루타 텍스트로 활용할 수 있다.

- 1 -

새로 생긴 동네마트. 가장 피해를 보는 사람은?

우리 가족이 자주 이용하는 동네마트 인근에 새로운 마트가 생겼다. 할인행사를 한다는 광고지가 들어왔고, 우리는 새 마트로 가서 바구니로 한가득 장을 봤다. 집에 와서 짐 정리를 해놓고 선우와 새로 생긴 마트에 대해 하브루타를 했다.

엄마 : "마트가 하나 더 생겨서 선우는 좋겠네? 이제부터 어느 마트에 갈 거야?"

선우 : "음. 새 마트는 훨씬 크고 주차도 되니까 물건을 많이 살 때 가고 원래 마트는 집에서 조금 더 가까우니까 아이스크림이나 급

하게 살 게 있을 때 갈래."

엄마 : "다른 사람들도 원래 마트에 아이스크림만 가끔 사러 간다면 이 가게는 운영이 잘 될까?"

선우 : "그러게. 돈을 못 벌겠네."

엄마 : "정말 그러네. 선우가 원래 마트 주인이라면 어떻게 하겠어?"

선우 : "새 마트가 생겨서 돈을 벌지 못하니까 많이 힘들 것 같아. 아, 나라면 이벤트를 준비해서 손님을 다시 끌겠어."

엄마 : "와, 어떤 이벤트를 준비할지 궁금하네. 그렇다면 만약에 선우가 새 마트 주인이라면 어떻게 하겠어?"

선우 : "내가 새 마트 주인이라면 원래 마트에 스파이를 보내서 가격이나 이벤트 정보를 알아오고 더 싸게 팔아서 손님을 뺏기지 않을 거야. 그리고 생각해보니 원래 마트 주인의 가족들도 있을 것 아냐? 그 가족도 영향을 받을 것 같다는 생각이 들어."

엄마 : "아, 그렇구나. 원래 가게 주인의 가족도 있겠구나. 만약에 학생이 있다면 중요한 공부를 해야 하는 데 새 마트가 생겨서 공부에 지장이 올 수도 있는 거니까. 우리가 하브루타를 하면서 생각해보니 단순히 마트 하나 더 생겼다는 단순한 문제가 아니었네? 여러 사람의 생계가 달렸으니 말이야."

다른 일을 하던 아빠도 이야기하기 시작했다.

아빠 : "그 옆에 시장 상인들도 타격이 많을 것 같은데?"

엄마 : "정말 그러네. 우린 그 생각은 못했어. 그렇다면 선우는 새로 생긴 마트로 인해 가장 큰 피해를 보는 사람은 누구라고 생각하니?"

선우 : "모래내 시장 상인들 같아. 원래 마트가 생길 때도 손님을 많이 빼앗겨서 힘들었을 것 같은데, 이번에 큰 마트가 하나 더 생기면서 더 힘들어졌을지도 몰라."

엄마 : "그렇구나. 엄마는 원래 마트가 타격이 제일 심할 것이라 생각했는데 하브루타를 하다 보니 모래내 시장 상인들이 제일 힘들 것 같다는 선우 생각도 맞는 것 같구나. 그런데 있잖아. 마트상황처럼 아빠가 하는 일도 마찬가지란다. 비슷비슷한 회사들이 많이 생기면서 경쟁이 치열해졌는데 경기도 좋지 않으니 아빠도 힘드시겠지?"

새 마트에서 장을 보고 그냥 넘길 수도 있는 일이었지만 이 일상을 세상을 이해하는 하브루타 텍스트로 활용할 수 있었다.

주변 관심사 주제로 하브루타 해보세요!

아이와 하브루타를 할 때는 객관적인 이야기로 시작하는 것이 좋아요. 당장 아이 문제로 하브루타를 하게 되면 자기를 방어하기 위해 공격적인 말이 나가기 쉽고 결국 언쟁으로 끝나는 경우가 많기 때문입니다. 아빠가 힘들게 돈 벌고 계시니 돈을 아껴 써야 한다고 직접적으로 이야기하기보다는 이런 상황을 놓고 하브루타를 하다 보면 아이 스스로 아빠의 상황을 이해하고 감사도 느끼게 된답니다.

동네마트 이야기는 가족 모두의 관심사였기 때문에 하브루타를 시작하기 좋은 소재였어요. 주변에서 아이의 관심사를 찾아 하브루타를 시작한다면 즐겁고 중요한 메시지도 전달할 수 있는 시간이 된답니다.

- 2 -

친구 실수로 우리 팀이 졌다면?

"우리 팀이 이겼어! 우와!"

선우가 응원하고 있는 엄마 아빠에게 달려와서 하이파이브를 한다. 염리초등학교와의 야구 경기에서 7대 4로 승리하여 드디어 결승 진출!

어젯밤부터 선우는 오늘 있을 야구경기가 기대되어 잠도 제대로 이루지 못했다. 경기 시작은 오후 3시였다. 그러나 야구를 너무 좋아하는 선우는 아침부터 야구복을 입고 기다렸다. 어찌나 긴장을 했는지 손에 땀이 흥건할 정도였다. 드디어 그렇게 기다리던 경기가 시작되었고, 선우는 공이 발에 맞는 데드볼상황에 헐리우드급 오버액션과 쇼맨십을 보여 주며 극적인 홈인으로 점수를 내기도 했다. 너무 즐거워서 물 마시는 것도 잊어버리고 야구경기에 몰입하고 있었다. 그러나 결승전에서는 보라매초등학교에 6대 7로 지고 말았다. 9회말 2아웃 상황에서 선우가 타자로 나가 있는데 3루에 있던 친구가 도루를 시도하다가 그만 아웃이 되면서 경기가 끝난 것이다. 많이 기대했던 경기이고 본인이 타자로 서 있던 상황에서 경기에 지다 보니 아쉬움은 더 큰 듯했다. 하지만 스포츠라는 것은 질 수도 있고 이길 수도 있다. 승리의 환희도 맛보지만 언제든 실패의 좌절도 맛볼 수 있다. 정정당당한 규칙의 테두리 안에서 게임의 승패를 경험하는 것은 앞으로 살아가면서 있을 수많은 성공과 실패를 안전한 테두리 안에서 경험할 수 있는 소중한 기회가 되기도 한다. 어릴 때 경험하는 많은 실패는 부모라는 울타리 안에서의 안전한 실패이며 마음의 근육을 키우는 중요한 기회이다.

"아쉽지만 다음엔 꼭 이길 거야!"

얼마 전까지 만해도 경기에서 지면 너무 분하고 억울해하던 선우는 이제 경기에서 지더라도 담담하게 이렇게 이야기할 수 있게 되었다. 모든 순간순간에 최선을 다하면 된다는 걸 알기 때문이다. 선우가 야구를 마치고 탔던 자동차의 시트는 오늘도 흙 범벅이다. 어찌나 열심히 슬라이딩을 했는지 옷을 몇 번이나 털었는데도 흙이 나온다.

"선우야, 슬라이딩할 때 진짜 멋지더라. 오늘 경기에는 졌지만 슬라이딩 모습은 오늘이 가장 멋있었어! 엄마가 선우 팬인 것 알지?"

실패와 성공은 아이의 것이다. 엄마는 늘 같은 자리에서 격려해주고 지켜봐주는 존재이면 된다.

실패를 통해 배우게 해주세요!

① 평소 작은 실수나 실패의 순간에 나무라지 말고 격려해주세요. 아이들은 본능적으로 부모에 비해 약자이기 때문에 자신들을 돌봐주는 부모님들의 눈치를 늘 살핀답니다. 실수의 순간에는 미소로 답해준다면 아이는 자신감을 얻게 될 것입니다.

② 평소 결과보다는 과정을 칭찬하는 부모님이 되어주세요.

③ 실패한 내용을 되짚어 생각할 수 있게 해주세요. 그래야 실패로 끝나지 않고 그 안에서 배움이 생깁니다.

④ 다시 도전할 수 있도록 용기를 주세요.

- 3 -

워터파크에 온 날, 더 놀고 싶어!

한 달 전부터 예약되어 있었던 오션월드에 놀러 갔을 때 일이다. 선우는 학교에 빠지고 놀러가는 게 늘 소원이기 때문에 평일로 일정을 잡았다. 첫날은 볼링도 치고 곤돌라를 타고 산 정상에 있는 카페에서 팥빙수도 먹고 홍천숯불 화로구이로 맛있는 저녁도 먹었다. 드디어 이튿날 조식부터 든든히 먹고 물놀이장으로 출발했다. 워터파크에 도착한 우리는 정말 신나게 물놀이를 했다. 하루 종일 수영을 했더니 팔이 욱신거리고 다리마저도 풀려버리기 일보직전이었다.

오후 5시쯤 되어 '이제 그만 놀고 집으로 가는 게 어떨까?'라고 했더니, 선우가 손사래를 쳤다. 아이들의 체력이란 정말 놀랍기만 하다. 예전의 나라면 놀만큼 놀았으니 이제 집에 가야 된다고 윽박질렀겠으나 하브루타를 하며 달라진 나는 선우에게 선택권을 주어야겠다고 생각했다.

"엄마 생각에는 아침부터 너무 오래 놀았어. 6시에 마감인데 그때는 샤워실에 사람도 밀릴 거야. 그러니 이제 그만 놀았으면 좋겠어. 하지만 이곳에 자주 오는 곳도 아니고 선우가 더 놀고 싶다면 엄마도 좀 더 놀 수 있어. 선우가 선택하렴."

좀 전까지만 해도 입이 삐죽 나왔던 선우가 자신의 생각을 말했다.

"아, 그럼 어떻게 하지? 그럼 이따 샤워실에 사람들도 한꺼번에 몰릴 거니까, 그냥 가는 게 좋겠어. 다음 주면 방학하니까 할머니 댁에 가서 또 물놀이 할래."

결정권을 주자 선우는 생각보다 더 합리적으로 판단하려고 노력하는 것 같았다. 그렇게 출발해서 집에 오는 차에서 질문을 했다.

엄마 : "선우야. 시골에는 개울 같은 자연 물놀이장이 있고 이런 곳에는 이렇게 인공으로 만들어 놓은 물놀이장이 있는데, 선우는 어떤 곳에서 물놀이를 하는 게 더 좋아?"

선우 : "나는 오션월드처럼 재밌는 파도가 막 나오는 데가 더 재밌는 것 같아."

엄마 : "아, 그렇구나. 그럼 자연물놀이장에서 돌멩이들과 바위와 모래와 함께 놀며 자란 어린이들과 이런 인공 물놀이장에서만 놀며 자란 어린이들을 정서면에서 비교해보면 어느 쪽이 더 좋을 것 같아?"

선우 : "내 생각엔 시골에서 자라는 아이들은 이런 곳을 아예 모르고 자랄 수도 있고 도시에서 자란 아이들 중에는 인공적인 물놀이장밖에 모르고 자랄 수도 있는데 그게 크게 영향을 줄 것 같진 않아."

나는 내심 선우가 자연에서 노는 것이 더 좋다는 대답을 하기를 기대했던 것 같다. 자연에서 노는 것이 반드시 더 좋다고 할 수 있는 것도 아닌데 말이다.

이번에 나는 또 반성을 했다. 하마터면 내 생각을 아이에게 강요할 뻔했다. 선우의 솔직한 이야기를 들으며 엄마와는 다른 생각을 한 것을 칭찬해주었다.

이야기 끝에 자연 물놀이장에서는 다슬기와 물고기도 잡으며 놀 수 있는 장점도 있다고 말해주자 빨리 방학이 되서 시골 할머니 댁에 가서 놀고 싶다고 했다. 하브루타를 하면 아이로부터 배우는 기회도 더 많아진다.

자기결정권을 주세요!

① 어린 아이에게 결정권을 줄 때는 선택의 폭을 줄여주세요. 많은 선택지가 있으면 오히려 결정하기가 힘들어집니다.

② 아이가 결정했다면 그 의견을 존중해줘야 합니다.

③ 그렇게 결정하게 된 이유를 질문해보면 특별한 이유 없이 결정한 것이라도 설명하기 위해 노력하게 될 거예요.

④ 이렇게 하면 나중에는 아이도 엄마에게 선택권을 내밀며 협상을 하려고 할 때가 있습니다. 그럴 때 아이는 협상능력과 더불어 논리적인 아이로 성장할 수 있습니다. 재미있게 협상에 응해, 협상이 피곤한 절차가 아닌 재미있는 절차로 느끼도록 해주세요.

유대인들의 사업성공의 비밀 중 하나는 바로 협상 능력입니다. 협상이 필요할 때 아이의 성장 기회를 놓치지 마세요.

Z세대가 온다

나누는 기준은 사람들에 따라 조금씩 차이는 있으나 대략 1946~1965년 태어난 세대를 '베이비부머'라 하고 1965년 전후해서 태어난 'X세대', 1980~1990년대에 출생한 세대를 '밀레니얼 세대'라고 한다. 『90년생이 온다』라는 책에는 이런 내용이 있다.

"빨리 온다고 돈을 더 주는 것도 아닌데 제가 왜 정해진 시간보다 일찍 와야 하나요?"
"10분 전에 오는 것이 예의면 퇴근 10분 전에 컴퓨터 끄고 게이트 앞에 대기해도 되나요?"

이런 생각을 가진 90년대생들이 몰려오는 경영현장에서는 속수무책이다. 기성세대가 사회초년생일 때는 상상도 하지 못할 일이다. 그러므로 현장에서 담당자들이 당황하는 것도 이해가 된다. 이것이 현실이다.

밀레니얼의 다음 세대는 Z세대다. 대략 2000년대에 태어난 세대이

다. Z세대의 특징이라면 어릴 때부터 자연스럽게 미디어에 노출이 되어 있기 때문에 '디지털 네이티브'라는 별명이 있기도 하다. Z세대가 세상에 나가게 되는 때가 오면 경영 현장에는 또 어떤 일들이 발생할까? 이해할 수 없는 그들로 인해 또 다시 허둥대느라 정신을 차릴 수 없을 것이다.

이렇듯 우리 아이들을 둘러싼 환경과 시대는 급변하고 있고 기존교육방식으로는 변화하는 세상을 따라잡을 수 없다는 것은 이제 3살짜리 아이도 알 정도가 되었다. 그런데 우리 공교육은 변화하는 세상을 따라잡기는커녕, Z세대인 아이들에게 몇십 년 전 교육방식으로 더 성장할 수 있는 아이들의 발목을 잡기도 한다. 이런 학교에 아이들을 전적으로 맡길 수 있을까?

학교는 우리 아들을 걱정하고 사랑하고 있을까? 내 아이의 미래를 생각한다면 이제 부모가 나서야 한다. 아이들은 학교에서보다 일상에서 배울 것이 더 많으며, 그런 기회를 만들어줄 수 있는 사람은 부모밖에 없다.

-4-

팔꿈치 깁스 파티

선우가 한 달 전부터 계속 팔꿈치가 아프다고 했다. 매일 아빠와 야구를 하고 있는데, 요즘 피칭할 때 시속이 빨라졌다고 기분이 '업'되어 있었다. 병원에 가자고 해도 괜찮다고 한 지가 벌써 한 달 정도가 되니 걱정이 되었고 병원에 가보기로 했다.

검사를 하고 의사선생님과 상담이 이루어졌다. 선우는 야구를 하면서 몇 번 다치고 깁스를 한 적이 있으니 의사 선생님과 친근하다. 의사 선생님께서 또 인대가 늘어났다며 그동안 아팠을 텐데 어떻게 참았냐고 선우에게 물었다. 선우는 이렇게 대답했다.

"병원에 오면 깁스를 해야 하고 깁스를 하면 한동안 야구를 못할 것 같아서 아픈데도 참았어요."

야구를 못할까 봐 그렇게 아픈데도 참았을 것을 생각하니 정말 어이가 없었다. 그 말을 들으시던 의사 선생님이 말씀하셨다.

"선우야, 프로야구팀 중 어느 팀을 가장 좋아해?"

의사 선생님이 선우의 관심사에 대해 물으니 신나서 대답을 한다.

"두산이요."
"오, 두산. 두산은 선생님도 좋아하지. 그런데 두산 투수들도 매일 투구를 하지는 않아. 그렇게 되면 어깨에 무리가 와서 결국 오래 선수생활을 할 수 없거든."

그렇게 의사선생님의 조언을 듣고 선우는 깁스를 하게 되었다. 그리고 선우와 함께 카페로 갔다.

"선우야, 지금은 깁스를 해서 불편하기도 하고 야구를 할 수 없어 속상하지만 더 건강해진 모습으로 더 신나게 야구를 할 수 있을 거야."

선우에게 좋은 않은 상황에서도 좋은 점을 발견하게 해주고 싶었다.

"선우야, 망고 빙수 쏠게. 오늘은 깁스 파티야!"

"엄마, 깁스를 했는데 파티를 해주니까 조금 이상하긴 한데, 맛있는 망고빙수도 먹을 수 있고 뭔가 기분이 좋아지는 것 같아."

"당연하지. 오늘은 기쁜 날이야. 얼마 후 선우 팔꿈치가 다 나아서 더 신나게 야구를 할 수 있을 테니까 말이야."

긍정적인 생각을 심어주세요!

아이의 마음을 읽어주고, 안 좋은 상황 속에서도 긍정적인 부분을 하나라도 찾아서 아이에게 이야기해주세요. 평소 이렇게 아이의 긍정적인 측면을 찾아 이야기해주면 긍정적인 아이로 자랄 것입니다. 긍정적인 마음을 가질수록 아이들은 정신적인 스트레스를 받지 않게 된답니다. 같은 상황이라도 부정적으로 바라보기보다는 긍정적으로 바라볼 수 있게 아이와 함께 연습해보세요.

- 5 -

비 오는 날, 자전거 타고 학교 갈래요!

월요일 아침. 지인들의 모임이 10시에 목동에 예정되어 있었다. 선우가 학교를 가고 나면 준비하고 나서려던 참이었다. 그런데 비가 오는 아침에 자전거를 타고 가겠다는 둥 실내화를 학교에 안 가져가겠다는 둥 계속 투정을 부리면서 집을 나섰다.

아빠와 함께 엘리베이터를 기다리는데 그때부터 아빠의 표정이 좋지 않았다. 어쨌든 둘이 나가고 얼른 씻고 외출준비를 하고 있는데 얼마 후 삑삑 현관문이 열렸다. 둘이 다시 집으로 들어오는 것이다. 가는 길에 물웅덩이에 빠지면서 실내화 이야기가 또 나오고 아빠와 선우는 서로 감정이 상하고 끝내 선우가 학교를 가지 않겠다고 해서 돌아왔단다. 아빠는 출근을 해야 하니 바로 돌아가고, 나는 선생님께 선우의 등교가 늦을 것 같다고 연락을 드린 후 선우와 이야기를 나눴다.

선우는 아빠가 이해를 해주지 않고 말도 들어주지 않았다고 화가 잔뜩 나 있었다. 음료수를 한 잔 마시겠냐고 물어도 싫다고 하고, 아침이지만 아이스크림을 하나 먹고 기분전환을 해보겠냐고 해도 싫다고 했다. 엄마가 안아준다고 해도 답은 '싫다'였다. 선우는 나름 마음이 너무 상해서 모든 것을 받아들이고 싶지 않은 마음인 것 같았다. 우선 선우가 혼자 생각할 시간이 필요한 것 같아 한참 동안 시간을 주고 난 후 이야기를 다시 시작했다.

"선우가 학교에 가고 싶지 않으면 가지 않아도 돼. 선우가 결정하면 되는 거야. 아빠가 선우 마음을 모르고 이해도 안 해줘서 섭섭하고 화가 났을 거야."

나는 선우의 마음을 읽어주고 계속 등을 쓸어주었다. 시간이 지나면서 선우는 마음이 좀 풀리는 듯했다. 한참 후 이번에는 아빠 입장을 이야기해 주고 선우도 아빠를 조금만 더 이해하려고 노력하면 좋겠다고 말했다. 그렇게 한 시간쯤 지나고 나니 선우는 화장실로 가서 세수를 다시 하고 나왔다. 눈물을 흘린 티가 나냐고 묻는 걸 보니 학교에 갈 생각인가 보다. 엄마와 함께 가고 싶다고 해서 학교 앞까지 함께 갔다. 선우는 이제 마음이 풀려서 환하게 웃으면서 손까지 흔들며 들어갔다.

감사하게도 담임 선생님이 모든 것을 이해해주셨고 지금은 즐겁게 웃으며 미술 활동 중이니 걱정 말라며 연락을 해주셨다. 그날 저녁에 아빠가 퇴근해서 돌아오자마자 선우에게 먼저 사과를 했다. "아침엔 아빠가 화를 내서 미안했어."라고 말했다. 아빠도 하루 종일 마음이 좋지 않았나 보다. 선우도 아까 자기도 화내서 미안하다고 사과를 했다.

그날 밤 선우와 베갯머리 하브루타를 하며 아침에 있었던 이야기를 다시 나눴다. 이런저런 이야기를 하던 중에 선우는 "비 오는 날에도 자전거 타는 법을 생각해냈다."라고 했다. '3D프린터로 자전거에 우산 고정시키는 장치를 뽑아서 설치하면 된다'는 것이다. 선우다운 생각이다.

베갯머리 하브루타 시간은 선우가 늘 기다리는 시간이다. 낮에 있었던 이야기를 마음에 묻은 선우는 오늘도 행복한 꿈나라로 향했다.

베갯머리에서 생각하게 해주세요!

인간의 뇌파는 진동수에 따라 크게 5가지로 분류된다고 해요. 그런데 현대인들은 대부분 긴장과 흥분의 연속 속에서 생활할 수밖에 없기 때문에 일상에서의 뇌파는 대부분 긴장상태인 베타파이며 긴장된 뇌에 안정과 휴식을 주는 것이 바로 알파파입니다.

따라서 알파파가 결핍되면 스트레스와 불안이 증가해 뇌의 손상으로 갈 확률이 높아지며 실제로 우울증환자들의 대부분은 알파파가 결핍되어 있다고 합니다.

노규식 박사는 저서 『현대인들은 어떻게 공부해야 하는가』에서 창의력을 위해서는 알파파가 반드시 필요하며 알파파의 중요성을 강조하고 있기도 합니다.

알파파는 인간에게 반드시 필요한 것임이 알려지면서 의도적으로 알파파를 만들기 위한 방법들까지 등장할 정도입니다. 그런데 잠들기 전 우리의 두뇌는 알파파의 상태라고 합니다.그 상태가 그대로 무의식으로 연결이 되는 것인데요.

잠들기 전 엄마와 아이가 행복한 대화와 즐거운 이야기꽃을 피우며 아이에게 사랑을 듬뿍 느끼게 해준다면 아이는 행복한 감정을 느끼며 잠이 들게 될 것입니다. 그것이 그대로 무의식에 저장되어 아이는 안정적이고 긍정적인 애착을 형성합니다.

그렇게 형성된 긍정적인 애착은 아이가 자라 어른이 되어 힘든 일을 겪더라도 든든한 부모의 사랑을 느끼며 극복해낼 수 있게 됩니다.

① 잠들기 전 아이를 세상에서 가장 행복한 아이로 만들어주세요.
② 상상의 나래를 펼칠 수 있는 이야기를 나누어주세요.
③ 혹시라도 낮에 조금 혼낸 일이 있다면 잠들기 전에 꼭 풀어주고 행복하게 잠들게 해주세요.

- 6 -

우리만의 손 인사

"엄마, 세상에서 최고 사랑해."

아이가 어릴 때는 뽀뽀하고 안아주고 쓰다듬으며 스킨십을 많이 한다. 때로는 귀찮을 정도로 엄마를 찾는다. 그러다가 고학년이 되고 사춘기가 되면서 스킨십은 줄어들고 대화도 함께 사라지게 된다. 부모가 어쩌다가 아이에게 건네는 말이 있다.

"공부 좀 해라!"
"숙제는 다 했니?"

"게임 좀 그만해라!"

엄마는 아이가 잘하길 바라는 마음에서 건네는 말이지만, 아이 입장에서는 엄마와 대화하는 것이 싫을 수밖에 없다.

"엄마는 그런 말밖에 할 말이 없어?"

그러면서 사이는 점점 멀어지고, 어쩌다 나누는 대화는 갈등으로 치닫는다. 유대인들은 자녀와의 애착을 아주 중요시 여긴다. 어릴 때 잘 형성된 애착은 평생 부모와 좋은 관계를 이어가는 원천이 된다. 그리고 언제나 내편이 있다는 심리적 안정감을 주며 그것이 무의식에 저장이 되었다가 힘든 일을 겪을 때 자녀를 지탱해주는 힘이 되기도 한다.

이렇게 안정적인 애착 형성은 가볍게 넘겨서는 안 되는 중요한 부분이다. 애착 형성에 큰 역할을 하는 것 중 하나가 스킨십이다. 선우도 더 어릴 때는 엄마에게 안겨 뽀뽀하고 쓰다듬으며 스킨십을 너무 좋아했다. 그런데 아이가 자라면서 엄마를 찾는 횟수가 조금씩 줄기 시작했다.

그럴 때쯤 하브루타를 만났다. 그때 나는 중요한 것을 놓치고 있다는 것을 깨달았다. 평생 아들과 좋은 관계를 유지하기 위해서는 이 시기를 잘 보내야 한다고 생각했다. 그러려면 먼저 선우와 스킨십으로 유대감을 만들어야겠다고 생각했다. 하지만 금세 사춘기로 들어설 나이인 아들에게 뽀뽀를 하며 스킨십을 하자고 하는 것이 무리라는 것을 잘 알았다. 그래서 고민 끝에 우리는 '손 인사'를 만들기로 했다.

"엄마, 그럼 '푸른 하늘 은하수' 할 때처럼 하면 되는 거야?"

"그렇지. 그걸 응용해서 하면 되겠네."

깔깔대고 웃으며 수정하기를 몇 번, 선우와 함께 손 인사를 만드는 것 자체가 즐거운 시간이었다. 처음 일주일 동안에는 계속 고쳐나가는 과정이 있었고 지금은 10초 정도의 인사로 아주 간단하게 정리가 되었다. 우리는 언제든 대문을 나가고 들어올 때는 항상 이렇게 손 인사를 한다. 사람이 살다 보면 교통사고나 예상치 못한 일이 벌어질 수도 있다. 반드시 그런 일이 벌어진다는 것은 아니지만 지금 나누는 손 인사가 마지막 인사라는 생각을 하며 눈을 마주치고 정성을 다한다.

"선우야, 지금 나누는 손 인사가 엄마와 나누는 마지막 인사가 될 수도 있는 거야."

선우에게도 엄마의 생각을 얘기해줬더니 아무리 시간에 쫓기는 상황이라도 손 인사는 하고 나간다. 그리고 서로 기분이 언짢은 날에도 손 인사는 의무적으로 해야 하는 규칙도 만들었기에, 서로 감정이 상하더라도 손 인사를 하면서 금방 풀리는 것 같기도 하다. 요즘 많은 가정에서 가족이 외출을 하거나 외출에서 들어올 때에도 인사는커녕 서로 쳐다보지도 않는 경우도 많다. 심지어 아버지가 힘들게 일하고 들어오시는데 나와보지도 않고 인사도 건네지 않는 경우도 있다. 우리는 손 인사를 하기 때문에 그럴 일도 없다. 만나고 헤어질 때마다 하는 손 인사는 가족들이 어디를 가는지, 언제 나가는지를 당연히 알 수 있게 해주기 때문이다.

10초밖에 걸리지 않는 이 인사가 우리 가족이 평생 서로 관심을 갖고 대화를 하도록 이어주는 소중한 끈이 되어줄 것이다.

일상에서 하브루타를 할 수 있는 주제는 무엇이 있을까? 생각해보고 함께 이야기해보자.

① 카페에서 커피 값 5.0으로 표기하듯, 화폐개혁은 필요할까?
② 투자의 개념, 주식을 시작하자.
③ 6학년 진급 축하파티, 일상을 특별함으로 만들자.
④ 엄마가 아끼는 접시, 다른 사람의 재산에 피해를 입혔을 땐 보상을 해야 해.
⑤ 중고나라에서 안 쓰는 글러브 팔기, 사람들이 사고 싶도록 해야 해.

손 인사를 하기 시작하면서 쓴 선우의 일기

손 인사를 만들게 된 이유가 있다. 예전에 '푸른 하늘 은하수'를 엄마와 하다가 우리가 만들어서 해보자고 해서 만든 것이 간단하고 멋지고 좋아서 인사로 정하게 된 것이다. 처음 며칠간은 고치고 해보고, 고치고 해보고를 반복하며 수정해나갔다. 지금은 완성해서 10초 정도의 짧은 인사로 완성시켰다. 학원에 갈 때, 학교에 갈 때, 놀러가거나 운동갈 때 등 문을 들어가고 나갈 때 언제나 한다.

엄마도 마찬가지다. 기분이 안 좋아도 인사는 무조건 하고 시간이 없어도 서로 기분이 상해도 인사는 하고 나간다. 엄마는 항상 이 인사가 마지막 인사가 될지도 모른다고, 사람일은 아무도 모른다고 했다. 그래서 더 손 인사가 더 중요하게 느껴지는 것 같다.

손 인사를 하니 엄마와 대화도 더욱 많이 하고 사이도 더 좋아진다. 서로 감정이 상해도 더 쉽게 화해를 할 수 있다. 손 인사는 이제 나와 엄마에겐 일상의 한 부분이 되었다.

우리만의 인사 만드는 하브루타 팁

① 먼저 아이를 위해 맛있는 간식을 준비하세요. 아이 기분이 좋지 않을 때는 시작하지 않는 것이 좋습니다.

② 간식을 먹으며 '푸른 하늘 은하수' 같은 손으로 하는 놀이를 하세요.

③ 아이가 재미있어 한다면 우리만의 손 인사를 아이에게 제안해보세요.

④ 아이의 의견을 적극 반영하는 것이 중요하며 무엇보다도 잊지 않고 꾸준히 하세요. 현관문에 A4용지에 크게 써서 외출할 때마다 보이게 만들면 잊지 않을 수 있어요.

⑤ 아이에게 엄마가 행복하다는 메시지를 전달하세요. 그럴 때 아이스크림과 같은 작은 보상도 주세요.

"너와 손 인사를 할 때마다 엄마는 행복해지는 느낌이야. 우리 같이 아이스크림 먹을까?"

아이도 엄마의 행복을 바란답니다.

- 7 -

30년 후, 우리 아이들 어떤 모습일까?

30년 후 선우와 친구들이 각자의 분야에서 행복한 어른으로 성장한 모습은 어떨까? 상상력을 발휘해 적어보았다.

나는 태양광발전 전문가이다. 최근 태양광 판넬 같은 면적대비 105배 많은 양의 전기를 모을 수 있는 기술을 개발했다. 이번에 새롭게 개발한 기술로 해외를 비롯한 많은 투자자들이 줄을 잇고 있으며 우리 회사는 이것을 계기로 한 단계 더 도약할 것이다.

그리고 얼마 전 새롭게 시작한 엔터테인먼트 사업 때문에 오늘 아침에는 일어나자마자 친구 재원이가 프롭테크(부동산;property와 기술;technology

의 합성어로 부동산에 최첨단 기술을 접목시킨 부동산 서비스 산업)를 활용해 운영 중인 부동산 사이트에서 VR(가상현실, virtual reality)로 새로운 사무실을 알아보았다.

오전에는 어릴 때 동네 형이었던 민석이 형과 점심을 먹으며 형이 1년 전부터 연구 중인 3D프린터로 산악지대에 다리를 놓는 프로젝트에 관한 이야기를 나누었다. 이야기가 끝나자 자리를 커피전문점 'MARS'로 옮겼다. 'MARS'는 내 친구 다은이가 대학시절부터 아르바이트 삼아 시작했던 것인데 창의적인 아이디어로 세계적인 기업으로 성장했다. 재하 형과 만나서 2017년도를 배경으로 형이 쓴 '부모님의 사랑'에 관련된 영화 시나리오를 읽으며 배우 캐스팅을 의논했다. 감독은 최근 칸영화제에서 감독상 대상을 수상했던 친구 지우가 맡아주면 더할 나위 없을 것 같다.

오후에는 2개의 스케줄이 기다리고 있었다. 마크 저커버그의 딸인 맥스(Max)와 소외받는 아이들을 후원하기 위해 만든 재단 관련 일과 우리들의 공동 취미인 드론 레이싱 대회에 관한 이야기를 나눌 예정이며 또 하나는 뇌 임플란트기술 관련 세미나에 참가하기로 되어 있다. 이것은 뇌 관련 질병으로 고통을 받는 많은 환자들에게 큰 희망을 줄 것이다.

각각의 장소에서 많은 미팅이 있어 피곤한 하루가 될 수도 있지만 자율주행 자동차 덕분에 이동 시간에도 편안히 업무를 볼 수 있어 효율적이라고 생각한다. 다음 달 부모님과 함께 갈 우주여행에서 입을 우주복을 3D프린터용 CAD로 디자인하느라 바쁘지만, 다음 주는 스승의 날이라 초등학교 2학년 때 친구들과 함께 권해경 선생님을 뵈러 가기로 했다.

실리콘밸리에서 드론 관련 회사를 창업해 최근 큰 규모의 투자를 유치한 호근이와 아프리카에서 원격진료 시스템으로 의료봉사 중인 서빈이는 시간을 맞춰 입국하기로 했다. 하지만 영국 프리미어리그에서 감독으로 활약 중인 종우가 리그 중이라 너무 아쉽다고 연락이 왔다. 오랜만에 친구들을 만날 것을 생각하니 벌써 2학년 때 초등학교 교실로 돌아간 듯한 느낌이다.

이 글을 쓰면서 나는 한 가지만 생각했다. 우리 아이들 자신이 진정으로 좋아하는 일을 하게 만들겠다고. 1등이 되고자 한다면 순서가 생기지만, 다름에는 순서가 없다. 우리 아이들은 가지고 태어난 재능도, 좋아하는 것도, 싫어하는 것도 모두 다르다. 자기가 하고 싶은 것을 하게 해줄 때, 우리 아이들은 각자의 분야에서 역량을 발휘하며 행복하게 살아갈 수 있을 것이다. 당장 우리 아이에게 질문을 던져보자.

"네가 좋아하는 건 뭐니?"

"너는 무엇을 할 때 가장 행복해?"

현장에서 배우는 혁신적인 교육이 이루어지는 곳 미네르바 스쿨과 MTA(Mondragon Team Academy)

기존 교육의 문제점이 크게 대두되며 이런 교육의 한계를 극복하기 위해 인공지능을 기반으로 한 에듀테크의 기술이 날로 발전하고 있으며 이를 활용한 혁신적인 교육이 이루어지는 교육현장이 뜨겁게 조명받고 있다.

미네르바 스쿨에 대해들어본 적이 있는가? 미네르바 스쿨은 2014년 처음 오픈한 대학으로 캠퍼스가 없다. 본사가 샌프란시스코에 있지만 학생들은 한 학기마다 미국, 독일, 영국, 대만, 한국 등 전 세계를 다니며 교육을 받는다. 수업은 에듀테크를 활용한 온라인으로 이루어진다. 미네르바 스쿨의 명성이 높아지면서 입학 경쟁률이 하버드보다 높아졌다. 발 빠른 대치동의 학원가에는 이미 '미네르바스쿨 대비 입시전략'을 상품으로 내놓을 곳이 있을 정도이다.

그리고 또 이곳을 주목하자. 팀플레이를 중요시하며 전 세계를 다니며 교육하는 MTA(Mondragon Team Academy)이다. '변화를 주도하는 팀프레너들의 글로벌 네트워크를 꿈꿉니다.'라는 기치를 내걸고 팀 기반으로 진행되는 창업혁신가를 키우는 학교이다. 팀프레너란 '팀(team)+앙트레프레너(entrepreneur)'의 합성어로 팀을 기반으로 비즈니스를 수행하는 기업가를 뜻한다고 한다.

MTA 교육은 기존 교육과의 차이를 다음과 같이 이야기한다.

– 학생이 아닌 팀프레너가 있습니다.
– 선생님이 아닌 팀 코치가 있습니다.
– 교실이 아닌 혁신 실험실이 있습니다.
– 가르침이 아닌 팀을 통한 배움이 있습니다.
– 시험이 아닌 프로젝트와 스타트업이 있습니다.
– 주어진 과목이 아닌 진정한 열정과 꿈이 있습니다.

급변하는 시대에 살아갈 우리 아이들에게 학교에서 해주어야 할 교육이 바로 이것이라고 생각한다. 과거의 정보를 머리에 넣어주는 교육을 할 것인가, 변화하는 세상에 대처하는 능력을 키워주는 교육을 할 것인가? 이것이 우리 공교육이 나아가야 할 방향이며 쓸모없는 교육으로 외면받지 않을 수 있는 유일한 돌파구다.

미네르바 스쿨과 MTA 학생들이 전 세계를 다니는 이유는 무엇일까? 그 나라에서 직접 생활하면서 음식이나 언어, 생활모습 등 각 지역의 문화를 경험하며 그 속에서 배우는 것이다. 현장에서 배우는 것은 책으로 배우는 것보다 훨씬 깊은 배움이 가능하다.

다른 언어, 다른 식생활, 다른 기후, 다른 사고방식 등 서로 낯선 환경을 경험을 통해 국제적 감각을 키운다. 그 안에서 수많은 연결이 일어나고 남들이 보지 못하는 비즈니스의 기회를 발견할 확률이 높아진다. 그리고 개방적이고 다양한 경험은 창의적인 해결책과 혁신으로 이어질 가능성도 높아지는 것이다.

진정한 배움은 수많은 삶의 현장에서 일어난다. 아이들과 보내는 일상에서 대화하고 토론해보자. 사과를 먹으며 농사법에 대해 이야기하고, 치킨을 먹으며 우리 몸에 필요한 영양분에 대해 찾아보고, 지나가는 할머니를 보며 우리 할머니에 대해 이야기해보는 것이다. 일상에는 수많은 대화와 토론거리가 가득하다. 배울 것이 사방에 널려 있다.

에필로그

욱! 뚜껑 열리던 엄마, '욱'이 사라지다

앞에서 잠깐 이야기했던 것처럼 나는 원인불명의 불임이라는 판정을 받고 시험관 아기 시술을 2년 넘게 받으며 힘들게 아들 선우를 얻었다.

어렵게 얻어 정말 잘 키우고 싶었으나 고질적으로 '욱' 하는 나의 성격이 문제였다. 자유로운 영혼의 아들이 규범적인 엄마인 나와 너무 맞지 않는 것이었다. 툭하면 '욱'이 올라왔고 화가 나 아이에게 회초리를 든 적도 많았다.

가르침을 주는 훈육이 아니라 내 감정을 다스리지 못해 그냥 화를 내고 있던 것이었다. 그런데 평생 고칠 수 없을 줄 알았던 그 '욱'을 고쳐준 것이 바로 하브루타이다.

선우를 유대인처럼 창의적이고 문제해결력 있는 사람으로 만들려고 시작했던 하브루타였는데, 이를 공부하는 과정에서 선우와의 사이에서 '욱'이 올라왔던 문제의 순간마다 어떤 질문을 던질 것인지 고민하게 되었다. 그러다 보니 어느새 이성을 잃고 아이에게 내 감정을 그대로 퍼붓는 일이 점점 사라지게 되었다.

평생 고칠 수 없을 것 같던 고질병이던 그 '욱'이 사라지는 경험을 하면서 나는 하브루타 공부에 더 빠지게 되었다. 나는 일방적으로 화내는 대신 아이에게 질문을 하기 시작했다.

"네 생각은 뭐야?
"너는 어떻게 하고 싶어?"

그리고 아이의 의견을 존중해주고 반영해주기 시작했다. 어느덧 아이와의 관계는 저절로 좋아졌다.

지금 초등학교 6학년인 선우는 사춘기로 접어들고 있다. 여러 부분에서 어릴 때와 달라지는 것이 느껴진다. 자아가 형성되고 있는 것이다. 아이가 사춘기에 접어들면 많은 엄마들은 갑자기 달라지는 아이를 감당하기 어렵다고 한다. 엄마가 하라는 대로 하는 것이 아니라 "그걸 왜 해야 되냐?"라고 따져 묻기도 하고, 엄마보다 큰 덩치로 대들기도 한다. 일명 '반항'이 시작되는 것이다. 자녀의 이런 모습에 부모들은 당황하며 힘겨워한다.

지금 선우와 나도 많은 변화 속에서 하브루타를 하며 조율해가고 있다. 그러나 훈육이 필요한 부분에서는 엄격히 가르치고 나의 주장을 관철시키기도 한다. "부모 말이니 무조건 따라야 돼!"가 아닌 아이를 한 인격체로 존중하는 마음을 담아서 하는 것이다.

얼마 전 선우가 수학학원을 보내달라고 했다. 그때 '굳이 수학학원을 다닐 필요가 있는가'에 대해 하브루타를 했고 선우가 스스로 선택한 것이고 의지가 컸기 때문에 선우의 의견을 존중해서 학원에 보내기 시작했다. 학원을 다니게 되면 과제나 테스트가 당연히 따라온다. 예전 같으면 숙제 때문에 매일 전쟁이었을 것이지만 선우가 스스로 한 결정이기 때문에 이러한 문제들로 나와 신경전을 벌이는 일이 없을 정도로 스스로 알아서 한다.

내가 하브루타를 시작한 건 선우가 초등학교 3학년 가을 무렵부터였다. 너무 늦었다고 생각했지만, 지금 선우와 나의 사이를 이어준 건 바로 그때 내가 '하브루타 하는 엄마'가 된 것이다. 만일 하브루타를 하지 않았다면 이 책 속에 있는 에피소드는 세상에 존재하지 않았을 것이고 나는 지금도 매일 '욱'하며 감정 조절도 하지 못하며 아이를 공부하는 기계로 만들고 있을 것이다. 아이의 곁에서 보낼 수 있는 소중한 시간을 죽은 시간으로 만들 뻔한 것이다.

아이들이 '강의 듣고-외우고-시험 보고-잊어버리는' 죽은 공부가 아니라 자기선택권을 가지고 주도적으로 결정하며 많은 시행착오와 실패를 거듭하면서 스스로 문제를 해결하는 살아 있는 공부를 하도록 돕는 것이 미래를 살아갈 아이들에게 더 필요하지 않을까?

– 지은이 박미정

부록

전래동화 하브루타 목록			
1	『빨간부채 파란부채』	6	『도깨비 방망이』
2	『방귀시합』	7	『콩쥐 팥쥐』
3	『해님 달님』	8	『흥부 놀부』
4	『팥죽할머니와 호랑이』	9	『요술맷돌』
5	『혹부리 할아버지』	10	『토끼와 자라』

이솝우화 하브루타 목록			
1	『당나귀와 소금』	6	『아기돼지 삼 형제』
2	『양치기소년』	7	『미운 아기 오리』
3	『해와 바람』	8	『벌거벗은 임금님』
4	『개미와 베짱이』	9	『고양이 목에 방울 달기』
5	『허영심 많은 까마귀』	10	『여우와 신포도』

탈무드 하브루타 목록			
1	『아버지의 유산』	6	『삶은 달걀에서 병아리가 나올까?』
2	『신기루』	7	『의좋은 형제』
3	『솔로몬의 재판』	8	『누가 얼굴을 씻을까?』
4	『누가 배의 구멍을 메웠을까?』	9	『좋은 소식, 나쁜 소식』
5	『아기의 진짜 엄마는 누구일까?』	10	『공주를 구한 삼 형제』